暢玩
一人公司

用個人品牌
創造理想的工作方式
及事業地圖

于為暢

獻給我的大姑爹、大姑媽，
感謝他們養育及陪伴我在加拿大的青春歲月。

目錄 ....

我為什麼選擇一人公司

從大學時自架網站開始，我就認定網路是我一輩子的事業，我幻想有天我可以在世界上任何一個地方，只要能上網，就可以操控自己的事業，自由自在，不受時間地理的限制。回到現實，從事了十幾年的網路工作，我還是必須進辦公室，當業務成長時，我依然循著傳統的方式招募員工，訓練及管理他們，漸漸我的工作不再是我最愛的「網路」，只是「人事管理」，雪上加霜的是，今天的職場已找不到「員工忠誠度」，他們只會追求規模更大、福利更好的公司，只要一有這種機會出現，他們就會離你而去，順便帶走你苦心栽培的一切，然後你又陷入必須找人再訓練的循環。我花很多時間做這些事，卻沒有累積效應，員工管理不易，流動率又高，景氣好的時候增加雇員，景氣壞時晾在那邊，還要找事情給他們做，忍痛裁員又於心不忍，卻造成心中無形的壓力。

自行創業後，某年業務量大增，我又開始循著過去的方法辦理。但回到我創業的初衷，原本想創造更多自由，怎麼有了員工之

後，反而失去更多的自由，我做網路原想擺脫去辦公室的限制，但若不去辦公室，員工就做自己的事，逼我重返辦公室，這不是很可笑嗎？於是我決定不再雇員，不再追求快速成長，一人飽，全家飽，我就慢慢來，做我最愛的「網路」。我認清自己不是一個好的經理人，我不喜歡做行政管理等「非網路」的事。自從三年前轉型成一人公司後，我才獲得真正的自由，生意好就外包，或選擇不接；外包若合作愉快下次再來，不愉快則就此拜拜，無需負擔多餘的時間、金錢和心力成本，沒有人情壓力，也沒有被迫要急速成長的壓力。經過這麼多年，我發現這才是我要的工作方式，找回大學時代那個初遇網路的悸動。

看完保羅‧賈維斯所寫的《一人公司》之後，我才知道原來全球不約而同正興起「一人公司」運動。一人公司常被人誤會字面上的意思，其實它傳遞的是一種精神，並不是說不能請助理，或雇員工。英文這個名詞 Solopreneur，也就是「一人創業家」，具有類似的意思，定義就是「一人獨資，自己掌控，並保持最少員工營運的事業體」。一般創業家可能整天在外拋頭露面，拓展人脈，尋找資金或合作夥伴，一人創業家也可以做這些事。一人公司是「校長兼撞鐘」，我傾向把時間花在創作和研發產品上，若有好作品，透過網路可以帶來人脈、資金或合作機會。我現在不會急著找員工，一律外包優先，現在應該沒有什麼外

包或工具不能解決的工作。我並不急著擴編或成長，寧願慢慢來，嘗試保持工作及生活間的平衡，

一人公司並不是兼職創業，而是全心投入自己的事業。高風險、高報酬，同樣身為工作狂的話，自己創業的報酬還是比兼職工作來得高。一人公司沒有要討好的老闆，沒有耍心機的同事，也沒有要操心的員工，可以全心全意做自己愛的事情。保持自主，同時也有彈性。我可以找不同的人合作不同的好玩專案，沒有誰是誰的員工要管理或督促，大家自我管理，互相支援，是一個共生共存的創業家社群。

一人公司因為只有一人做決定，看到新機會可以靈活的隨著潮流變化，想轉型（pivot）隨時轉，無需跟股東、合夥人、員工或爸媽交代，對於喜愛掌控一切的人來說乾淨明快。不過也因為全權負責，你的心態可能永遠要是「待機中」。

經營一人公司還必須熟悉雲端工具的運用，其中「自動化」及「外包」是兩大關鍵，而且做的事情必須要有累積效應。我工作的最高原則就是 "Work Less, Make More"，年紀越大，工作更少，但賺得更多──這有可能嗎？當然可能，因為網路，讓我們所有的專業知識可以被「數位化、規模化、自動化」，這

三件事就像魔法，可以點任何傳統的石頭為金。

另外，如果一人公司擁有自己的網頁和產品，更可以有多個被動收入來源。例如網站流量轉換成廣告收入，或自動排程發出的 Email 轉換成線上課程的報名。網路並不是一個「產業」，而是一個「工具」，各行各業都可以學習並掌握這個工具，把知識變現。科技取代了許多工作，而且越來越多，也許某天我們的同事或員工都是機器人，現在只是過渡期。舉例來說，聊天機器人（chatbot）可取代客服人員，Email 自動化就是開發客戶的秘密武器，取代發傳單的業務員。

綜上所述，若要我對一人公司下定義，我會說它是**用最精實的方式，追求利潤最大化，同時將人事管理壓力最小化**。這點對比我之前在職場上的經驗，真是再適合我不過的商業模式了。

許多一人公司都在平行成長中，我相信台灣也有，就像我慢慢建立起來的創業家社群，大家平常各做各的，有專案合作時交會一下，每個人都是老闆，專業能力和企圖心都比一般人強。我相信這本書能讓更多新世代的自由工作能掌握趨勢，活出更好版本的自己。

PART

1

追求財富
同時保有自由

1

從外商總經理變成數位遊牧民族

創業的原因千百種，我自己也有數十個原因。

我從大學時期開始閱讀跟創業相關的書籍，看多了難免產生一種錯覺，以為「創業很容易」，時時刻刻都想著「做生意」。出國看到物美價廉的商品，想進口來賣；每年舉辦聖誕晚會，賣門票給朋友；吃到驚人美味的蚵仔麵線，還開口跟老闆要配方（人家怎麼可能會給）等等。我也曾寫過好幾份不同事業的企畫書（有運動餐廳、雞翅專賣店、網路信用平台等），總之年輕時我看待所有事情都用商業眼光，小打小鬧之餘也幫我貼補一些生活費。

縱使心中充滿各種沸騰的創業野心，但身體還是很誠實的走保守路線。進了幾家公司打工，過著朝九晚七的上班族生活，期盼每月五號的發薪日，和小確幸的颱風假。但也因為上班時嫌東嫌西，我心中的創業欲望一直沒熄，隨著見多識廣，反而越

燒越旺。

最「正式」的一次是我與友人合作的運動網站，我帶著詳細的企畫書和華麗的簡報，借車開去竹北一家運動經紀公司，一人面對老闆和主管共十個人做簡報，尋求他們的資金挹注。他們問我金額，我說：五百萬，從此再也聯繫不到他們。

正當我坐在家中枯等的時候，澳商 EmailCash 的老闆問我要不要去面試，他給了我一個很好的 offer，而且重點是，他第二天就飛回澳洲，我問他……那我要做什麼？他說：「你自己看著辦吧，做什麼對公司好就做什麼。」第一天上班，我在他幫我承租的小辦公室裡頓悟，咦？這不就像是在創業嗎？

我這一做就做了六年多。

營運 EmailCash 網站滿足了我部分的創業慾望，直到我有了女兒，思想才開始轉變，當時的我 32 歲，職位是台灣區總經理，雖然公司小，員工不多，好歹也是外商，母公司在澳洲也算小有名氣。我已經達成「錢多事少離家近」好幾年，但我自己坐在小房間，員工都跟我有疏離感，我不敢去茶水間，怕聽到他們說我壞話。我心裡想，我的人生還有其他可能嗎？剛好那時

認識一些部落客，知道他們生活得不錯，我自己也出版《部落客也能賺大錢》一書，順勢開了同名課程，很多觀念在理論上可行，事實上教得很心虛，因為我並沒有實際經驗，所以我的創業魂再起，想要自己先實踐後，再去教別人。

我創業的第一年，連續寫了 365 天的部落格，用力創造自己的能見度。同時接了幾家公司的行銷顧問，加上不時的課程收入，勉強打平生活開支。第二年漸入佳境，我持續寫部落格，開始有廠商找我寫業配文。第三年，有家之前的舊客戶換到大公司，找我去做部落客行銷，讓我新增了部落客經紀的收入，每個案子賺差價，此時我的收入已經超過我原本在 EmailCash 的收入。

也許大部分的創業家，都是像我這樣「先下再上」的收入曲線，頭兩年很辛苦，然後漸入佳境，這佳境是因為之前的「**某些付出**」得到了回報，我們也不太確定是哪個，所以都歸功於「運氣好」。雲霄飛車很好玩，因為很刺激，開公司當老闆也是一樣，每天都活得戰戰兢兢，但也因為這樣，創業家的頭腦和心態都非常「sharp」，懂得掌握時勢和機會，因為只要一不注意、一鬆懈，馬上就會面臨財務危機。很多上班族一退休，就完全失去工作能力；但看看張忠謀、郭台銘，年過 70 還生龍活虎。所以我真的覺得「創業家」才是把人生活得極致的一群人，也

因此，我決定把餘生奉獻給我自己的事業，不再為別人工作，要嘛贏、要嘛輸，但至少掌控在自己手上。

以上是我的「轉換」故事，提供給讀者參考。對了，如果你仍猶豫不決，還有一件事可以做，就是多看看別人成功轉換的故事，當你看得夠多，也許就會產生　種錯覺，讓你有衝動和勇氣去嘗試在地圖上跨格前進，就算最終沒有成功，發現這是一場「美麗的誤會」，但你在這過程中看到不同的風景，它仍舊是美麗的，不是嗎？

2
上班族的風險遠比
創業者高

在很多人的認知裡，「創業」的風險比「上班族」來得高，但你真的有去驗證過這個說法嗎？

我當過上班族，也當過創業家，而且兩者都不只試過一次，我對此說法感到非常質疑。隨著年紀增長，認識越來越多創業家朋友，上班族朋友當然也沒少過，我從「質疑」慢慢變成「反對」這種說法，我發現「創業家」的個性並不是比較愛擁抱風險，他們比較像是愛「管理風險」。現今的職場文化、生活方式、社會風氣、和網路科技都在改變，我認為兩者之間的關係應該是這樣：

上班族的短期風險比較低，但長期風險比較高；
創業的短期風險比較高，但長期風險比較低，因為可控。

當我們把時間因素加進去，例如十年，你就會發現上班族的風

險不會比創業來得低，因為十年後，你的體力、技能、心態，甚至熱情都將退化，如果你是上班族，你有極高的風險被更便宜的員工所取代，站在公司營運的角度上要追求利潤最大化，所以沒有人是不可被取代的。你的風險會隨著年齡遞增，也就是說，當個上班族（別人的員工），時間是對你不利的，他不是你的朋友，你的價值不會隨著時間增加。創業呢？恰恰相反，你的資產會隨著時間累積，快速打磨你各方面的技能，一旦經營上了軌道，你的價值會越來越高。

你也許不同意這個說法，會反駁說高階主管還是會隨時間增值的。當然，凡事都有例外，但步步高升的人只是少數，不一定會是你，況且我還沒提及那些辦公室政治、鉤心鬥角的人際緊張，會造成你工作以外的壓力和不自在。你同時將面對未來 AI 員工的競爭，「機器學習」（machine learning）正以倍數的速率在進化，科技不僅會取代很多工作，而且會比預期更快，或是如新冠肺炎之類的黑天鵝事件，若你沒有任何的準備，措手不及的窘境將陷你於痛苦之淵──那時你可能已步入中年，除了上班技能，你不會其他的維生方式，跟不上世代的節奏……這聽在我耳裡，明明風險就比較高啊！

你可以不創業，但一定要有創業家精神

我堅信每個人都擁有「創業精神」，都能把自己當作「一人公司」來經營，為什麼？因為全世界只有你最在乎自己的職涯發展啊！也許你職涯發展的起始點是給別人雇用，但你必須同時開拓一條「靠自己」的路線，確保自己可以隨時轉換到「創業路線」，繼續你的個人職涯發展，你必須做好周全準備，當有了這樣的體悟，工作心態就會澈底質變，變得「只為自己工作」，你所做的一切，都是為了未來「自己的事業」。

居安，更有時間思危，如果你是一個從未想過要創業的上班族，熱愛你目前的產業、公司、老闆或分內工作，不如想像若有一天老闆捲款潛逃，再也沒有班可上，隔天你要做什麼？舉牌抗議嗎？

如果你是個不開心的上班族，那事情就更容易了，我常戲稱對那些苦悶的上班族而言，辦公室就像監獄，他們應該要有「逃獄計畫」，就像電影演的一樣，你應該開始挖掘地道，每天默默的挖一點點，直到通往自由的地面為止。重點是，你若不愛這份工作，為何要為了錢屈就自己，每天活得不開心呢？

保羅‧賈維斯在《一人公司》書中說到:「一人公司是一種趨勢,一個社會運動」,因為我們的生活方式正在改變,他提出一個新觀念,叫做生活型態企業(Lifestyle Business),意思是應該先定義我們想要過怎樣的生活,再以它為前提去建構出一份事業。傳統的創業家,會先想要打造什麼產品或服務,新一代的創業家則是反過來思考,把「生活」擺在工作之前,去打造一個符合自己生活方式的商業模式。

創業不僅為了錢,而是為了更快樂

我覺得至少有三個理由,創業會比上班族更快樂。

① 快樂來自於「自我能力最大化」

當你在大公司工作,你只要做好分內的工作即可,這是優點亦是缺點,因為單一產業的單一技能會限制你的未來機會,長遠來說風險很高。當你決定創業,你就開始挑戰「什麼事都得自己來」,除了你的核心專業之外,你還必須同時懂得業務推廣、行銷、客戶維繫、財務、法務、客服等,會將自己潛能全部激發出來,快速成為一個「通才」。雖然初期的摸索很辛苦,但你的能力會最大化,充分活出最厲害的自己。我覺得,這才叫

「完整」的工作經驗，而且不怕未來世界如何變，都足以應變。

② 快樂來自於「壓力分散」

若你的快樂只來自每月五號的發薪日，其餘每一天都必須忍受職場的不愉快，等於痛苦的日子多過快樂的日子。而且因為只有單一收入來源，無法「說走就走」，再多的委屈你也得就地吞下──這也是我認為多元收入能創造最大的好處，除了可能的收入增加，把「壓力源」分散才是重點。舉例來說，同樣月入五萬，一個老闆每月給你五萬，跟你從五個地方各收入一萬，後者會讓你的壓力減少很多，也讓你的每一天活得比較快樂。

③ 快樂來自於「做真實的自己」

在大公司上班，你必須戴上「專業」的面具，特別是老闆或高階主管，如果你是一個親和搞笑的人，最好不要跟下屬「打成一片」，你必須戴上「威嚴」的面具去與他們共事，下班之後，再跟其他人（非同事）恢復你搞笑的樣子。也就是說，在職場上，「專業的你」和「真實的你」必須分清楚。創立一人公司之後，沒有老闆的臉色要看，或對下屬的威嚴要裝，你可以任意的做自己，每天都不用再戴面具，這樣不是比較快樂嗎？

上班族何時該轉換跑道？

「換跑道」並不是一翻兩瞪眼的事，不是今天下定決心，明天就不去上班這樣的一刀切。理想上，它是一個過程，最好能無縫接軌，從老闆發薪到發薪給自己，讓你的現金流不至於中斷。聰明的創業家不是「先創再想」，而是「先想再創」，這裡的「想」包括觀察市場、發覺自身優勢、精進自身技能等。事業布局方面，包括認識業界人脈，並搞熟關係，因為他們可能是你第一批客戶；結交網路上的影響者，因為他們將有助於你行銷。工具的運用，例如學習簡報、拍片。資源的串聯，例如與程式、美編的合作關係。再來就是我認為很重要的——專業知識的分享。

什麼是「知識經濟」（knowledge economy），主要就是生產及販賣資訊，包括書、課程、會員制、教練、顧問等產業的加總，這些都只需要你一人就能開始。你必須儘快創造出能見度，讓你的品牌（或新創品牌）獲得足夠的注意力，而免費提供有價資訊，幫助目標客戶解決問題，這是品牌竄起的關鍵。

在正式創業前，最好就已經具備以上的條件，才等待那「關鍵的一刻」「壓倒駱駝的最後一根稻草」，至於那是什麼？大略

來說，是來自你心中的呼喚；具體的說，是各項數據和機會都在成長的時候，例如網站流量、粉絲數、影片觀看人數、實體演講邀約、網友諮詢等。只要時機成熟，你就應該「正式轉換」。從被雇者到自雇者，歡迎來到全新的地圖，在這裡你將會體驗大型開放世界的樂趣！（這是什麼遊戲廣告？）

生活型態企業的實踐家

保羅・賈維斯 Paul Jarvis
個人網站：https://pjrvs.com

保羅是一位網頁設計師，客戶包括賓士、微軟等《財富》雜誌五百大企業，過去 20 年他始終保持「一人公司」，憑一己之力建立自己的線上事業帝國，總收入估計超過台幣一億元。

他的版圖包括四個線上課程，一個 Podcast（播客）、一個部落格、一間軟體公司、兩本實體書，他的著作《一人公司》我看了三遍，從未漏掉任何一封他的每週電子報，電子報的內容除了實用，啟發性也相當高。身為同樣是資深網路人、數位創業家、一人公司的擁有者，我把保羅當作我的偶像和引路人。除了他的軟體網站服務之外，我買過他全部的數位產品，其中一個 Email 行銷課程我也取得中文獨家代理。所以從粉絲到讀者，再到商業夥伴，這就是一人公司的效率和彈性，充滿無限可能性。

3

從上班族到創業者，
該如何準備？

你可能聽過「偉大的事情都是從小步開始」，那麼，創立一人公司的「小步」是什麼？

先寫先贏，天下無敵

我的建議是開始「創作點什麼」（create something），固定產出，累積一些自己的作品。文字是最簡單的入門方式，可以延伸出部落格文章、書籍、課程簡報、影片等，然後再包裝成資訊商品。你文筆好不好鬼才知道，但，能寫出來就是好，不寫出來就什麼都沒有。想證明自己文筆好，會寫、能寫，唯一的方法就是「寫出來」。**文筆**這條件一直被嚴重高估，但不是只有文學系才有權利寫作，你的文筆從來不會輸給任何一位部落客或作家，他們贏你的地方只有量，**量多必中**。你看見「中選的」，誤以為他們文筆好，殊不知他們的爛作大都沒有問世。

就像麥可・喬丹（Michael Jordan）所說，他投不進的球比投進的多很多，但量多必中，一旦中了，就是大家的偶像了。另一個對於文筆的迷思是，誰說文筆好就一定受歡迎？文學造詣太深奧，大部分的人還看不懂，暢銷書或小說作者多用通俗的筆鋒，因為通俗才夠人性化，才接觸得到大眾，才能發揮影響力。我常說「寫部落格」是你事業的最小可行性商品（MVP），而一人公司則是最精實的創業。

藉由專業有料的分享，幫助別人解決問題，你會開始累積群眾（audience），當你擁有一定數量的群眾，大約是一千名鐵粉，你就可以開始推出「商品」，包括實體商品、線上課程、電子書、會員訂閱內容等等，嘗試將影響力變現。這個過程從頭開始估算，我預計是花兩年時間，也就是說，兩年內，你不要指望賺什麼錢，有最好，沒有就當是付出，先全力把你的聲量拉起來，把願意聽你說話的觀眾聚集起來，跟他們培養信任關係，同時研發對他們實用的商品，在適當的時機賣給他們。

個人品牌是你的創業加速器

「個人品牌」和「一人公司」有密切的關係。「個人品牌」仰

賴大量作品累積出來的知名度，所以不管是蔣勳的水墨畫還是蔡阿嘎的搞笑影片，拜科技進步所賜，透過網路能讓更多人看到，這些注意力本身會產生經濟效應，也就是**注意力經濟**（attention economy），我們就可延伸出一番自己的事業。而個人品牌的企業化策略，我認為就是一人公司。

資訊氾濫成災，注意力只會越來越分散，這對像我們這樣的一般人而言其實是好消息，我們也許無法做出蔡阿嘎的娛樂效果，也很難達到蔣勳大師的藝術境界，但我們仍然可以分享專業內容來吸引某部分小眾的注意力，抓住**知識經濟**的未來趨勢。

在企業上班，公司品牌大過我們自己的品牌，當名片拿掉後，你只是個 nobody。前文提到，最在乎職涯發展只有自己，所以我們不能允許這樣的事情發生。無名小卒做事沒人看、沒人在乎，若有天我們被迫創業，一開始會寸步難行。所以，如果說有件事對我們一生的價值有幫助，那一定是「發展個人品牌」，這不但重要，而且很急迫，因為不管你多厲害，默默無聞就什麼都不是。有句話說「假如一棵樹在森林裡倒下而且沒有人聽見，那它有沒有發出聲音？」也許 30 年之前，資訊沒這麼繁雜，我們可以默默的做事，不為人知就獲得成功，但現在身處資訊

洪流，你不出聲就等於不存在，**「時代逼我們要高調，從未管我們是否低調的人」**，說得更嚴重一點，我認為沒有個人品牌的人，將從此被打壓到社會階級的下層，讓那些擁有品牌的個人出頭、名利雙收。我對「個人品牌」的領悟就是，這是一場決定生死的戰爭。

好消息是，每個人都有能力發展出「個人品牌」，而且「真實你」就是屬於你的競爭優勢，因為你的專業可以被複製，被取代，但你的個性、人格特色則永遠不可能。「真實你」是一人公司的競爭優勢，讓你更容易取得客戶的注意力，或是提高售價。

對比在企業上班，我們力求不犯錯，大公司的品牌就像香草冰淇淋，想討好所有人，口味大家都可以接受，但就平凡了點。你創立的一人公司則像哈密瓜冰淇淋，有人喜歡，有人不喜歡，因為那股「哈味」幫你區分出「路人」和「粉絲」。我們無需討好所有人，我們只要做真實的自己，自然會吸引到同好，也就是說一人公司的個性展現，遠比大公司來的有人性，這正是個人品牌創業的起點，那就是「同中求異」的產品區隔。

若我們把「個人品牌」四字對拆為「個人」和「品牌」，前者

是你的產品，後者就是你的行銷。我們都知道，行銷的前提是產品要好，否則只會提前出局。我發現一個通則是，在企業工作滿十年以上的人，基本上「產品面」都不錯，光我自己身邊就有很多人才，但他們欠缺的是「自我行銷」，他們甚至很會行銷公司，但卻忽略了行銷自己，也許是中國人的儒家個性，或是自我的信心不足，總之這是很可惜的事情。

這個世界需要更多的能人異士或好人好事被看見、被鼓勵，才能形成社會的正面風氣。如果能為自己也為別人貢獻一份正向的力量，請務必考慮發展個人品牌，將這股正能量傳遞出去。

4

為什麼要知無不言

在談一人公司的書上常有「教你所知道的一切」（teach everything you know）的概念，我有一件 T-shirt 上面就印著這句話，是 ConvertKit 送我的，這句話是他們公司的口號之一。故事要從 ConvertKit 創辦人內森‧貝瑞開始講起……

2006 年，內森‧貝瑞還是一名部落客，寫一些網頁設計的主題，他當時在看一個部落客叫做克里斯‧科伊爾（Chris Coyier），網站是 CSS-tricks.com。他覺得他們兩個人的功力差不多，成長進度也差不多，但為何克里斯在網站上敢自稱專家？內森覺得他講的東西很基本。時間快轉到 2012 年，克里斯在 Kickstarter 網站上舉辦一個募資活動，項目是他要把 CSS-tricks.com 改版，因為要專心改版，有一個月不能接任何客戶的專案，所以他算了一下該月的支出，需要 3,500 元美金，如果有人願意贊助他的話，他就會給贊助者關於改版過程的教學影片，募資金額瞬間就衝破 3,500 元美金，最後來到 87,000 元美金！這一切內森都看在眼裡，心中當然不可置信，為什麼一

個跟他程度差不多的人，可以在募資活動上表現這麼好？他和克里斯之間究竟有什麼差別？於是他開始分析，最後被他看出端倪。

一般來說，專案網頁設計的工作流程就是：

確定案子 → 著手工作 → 繳交作品 → 繼續下一個案子

內森本人就是這樣做。但克里斯在繼續下一個案子之前，會多做一個步驟，就是把這個專案上所學的東西，包括怎麼做、怎麼想、案例，全部分享出來，也在網站裡傳授給大家，也就是：

確定案子 → 著手工作 → 繳交作品 → 教你所知道的一切 → 繼續下一個案子

每一個專案都這麼做，一做就是好幾年。這個「差別」幫克里斯累積許多觀眾（粉絲），而內森總是做完了……就做完了。

很多人學了新技能，或有了點子，都會藏在心底，或只跟親朋好友分享。內森後來才知道，與其留在自己身上或是跟朋友講，應該要寫在部落格上教大家。有些點子開始很爛，但會慢慢被

調整、更新，然後重來一次，就有可能變成強大的點子，最後可能會集結成書，變成可販賣的商品。

有個行業更能證明這招有效，就是餐廳的廚師。知名的廚師會大方分享食譜，教你怎麼做，還會自己請攝影師來拍料理的過程，把所有步驟、食材、觀念透明化，當你看了他們的教學，會不想跟他們買嗎？那些知無不言的廚師都是生意最好的，他們服務的餐廳永遠大排長龍。內森從來沒看過任何一個廚師教大家料理之後卻失業的，反而是吸引更多人注意。

後來內森創辦 ConvertKit 之後，就把 "teach everything you know" 列為公司的標語，他幫每位員工做了一個木牌放在桌上，隨時提醒大家要大方分享。他建議的做法是，找一個「核心焦點」（core focus），一邊學，一邊寫出來，把自己至今學到的所有東西都分享出來，寫在部落格上給別人看。你找到新的方法完成專案，就把方法變成部落格文章，不管學得多，學得少，成功或失敗，都把它變成文章，都會有參考價值。

這是你的「核心」，如果你長久的一直做下去，注意力會被聚集，觀眾會被建立起來，你再將之變現，所以教你所知道的一切不僅助人為快樂之本，事實上，它也是一個商業策略，是在

亂世中贏回注意力最有效、最便宜的方法。

我自認為教別人其實就是幫助自己，也是讓個人進步最快的方式。這幾年下來，我自己身為「老師」，也讓我進步神速，因為這個職稱在無形中給你進步的壓力（和動力），迫使你要走得比大眾快。「因為你是老師、你是專家，才有資格去教別人」，如果你曾聽過這句話，現在你知道反過來說也是成立的：「去教別人之後，才會變成老師或專家」。也許一開始沒有很多學生，沒有很多人聽你說話，但教你所知道的一切，這過程中你會變強，然後聽眾越來越多。

除了自我成長、快速聚眾、心理優越外，建立專家形象後還有一大好處，就是企業老闆們會聽你的。企業老闆是一群上進心較強的人，因為他們也是「被迫快速成長」的一種職業。若有三種人去跟他們提案，一是你們公司的 PM 業務，一是美女業務，一是產業專家，他們最後會理性的選擇聽專家的，為了企業存亡，他們必須聽信權威。我很久以前寫過一篇文章〈部落客應當是網路行銷專家〉提過，想要有案子，就必須把自己的身分提高，「爬到他們頭上」，比企業老闆高的位置就是專家，要他們把錢掏出來交給你，只有因為你懂得怎麼做。

「教你所知道的一切」不是光用嘴巴說說，而是要用身體力行。
趕快盤點一下你會什麼核心技能，挖心掏肺的把它們用文字或
影音分享出來，你會發現你的心肺功能變得更強大，可以接受
更多、更營養的資訊，然後一邊分享、一邊變強，進入一個「專
家養成」的良好循環。幾年後，你會擁有一群鐵粉，讓他們學
會以後，也能 "teach everything they know"。

慷慨的創造者事業創業家

內森・貝瑞 Nathan Barry
個人網站：https://nathanbarry.com/

內森·貝瑞是部落客、作家及 ConvertKit 的創辦人。在這麼多「創業家偶像」中，他肯定是我心中的前三名！他的座右銘 "Teach everything you know"，光在他的部落格就可以看到他完全記錄所有事業及人生中的重要時刻，並且毫不藏私的分享他的觀念、策略和技法。

創辦 ConvertKit 之前，他已是很成功的一人公司，靠網路販賣數位資訊的創作者。我第一次聽到創造者事業（Creator Business）一詞，就是從內森這邊看到的。什麼是「創造者」？一個創造者可能是部落客、作家、YouTuber、詩人、畫家、音樂家、播客、廚師、設計師、老師、編劇、手工愛好者等等，所有可以自己「創造東西」的身分或職業都可以。而你創造出來的東西，透過網路販賣出去，且可以維生或是成為致富的事業。ConvertKit 的存在正是為了幫助創造者在網上謀生。公司月營收已高達 1,800,000 美金。

內森對於 ConvertKit 有三大目標：創作者總收入達十億美元、25 萬用戶和公司年收一億美元——三個目標都非常高，但他們真的

逐漸在接近中。

公司有三句重要標語，分別是：

● **Teach everything you know**（教你所知道的一切）
創辦人自己就是這樣成功的，也鼓勵員工教他們所知道的一切，
幫助旗下的客戶受益。

● **Create every day**（每天都要創造）
創作讓每一天豐富，團隊的每一分子都是創作者，一起捲起袖子
打造產品和公司，他們相信只要每天持續的進步，就會帶來驚人
的結果。

● **Default to generosity**（永保大方）
大方的對待顧客，做的比業界標準高。對待客戶、合作夥伴、同
事和社群的方式，要一如我們自己希望被對待的方式。內森是少
數白手起家的創業家，公司不在矽谷，員工遠距上班，公司營收
仍持續飛快成長，可說是我心中網路創業的典範。而且一路走來
他總是公開透明，即使已經如此成功，仍然每天創作。他說：「退
休不會讓我開心，創作才會」。

5
世界上最好的工作

如果有人說一份好的工作就是「錢多事少離家近」，我覺得這只是理想的工作，稱不上是**最好**的工作。我心中最好的工作，應該還要配一個下聯，那就是「自由長壽受尊敬」。

「自由」的意思是不受時間、地點和心理壓力的限制，這份工作不再要朝九晚五，也不用進辦公室，或到指定地點上班。此外，你想做也可以，不想做也可以，沒有人給你「必須怎樣做」的工作壓力。

「長壽」的意思是這份工作可以一直做下去，做到你 80 歲、90 歲、甚至一百歲都有可能，工作的生涯非常長，而且不會被淘汰，也很難被科技取代。

「受尊敬」的意思是，這份工作是獲得社會認同的，外界對於這份職業有很高的肯定及尊敬，在這行越成功越有名，則能影響越多人，幫助越多人，社會的評價及民眾心中的正面印象甚

至超越醫師、律師等高門檻的工作。

大家覺得如此夢幻的職業是什麼呢？我的答案就是**作家**。想成為作家的方法有很多，而寫部落格是最有效率的一種。

作家身為自由工作者，完全不受時間和地點的限制，隨便一家咖啡店把筆電打開就能開始工作，而且沒有什麼人能真正給你壓力，就算是主編也無法使你不拖稿，畢竟只有你寫得出來，沒有別人或機器人能取代你。

作家這份職業非常長壽，只要你會寫字就可勝任，甚至不會寫字也能用語音輸入，若是成為人生勝利組，用嘴巴說都會有專家幫你代筆。這份工作若從 20 歲開始，職涯可長達 70 年！一直寫到 80、90 歲寫不動為止（還可以繼續用口述的）。另外一個長壽的原因，就是它不易被取代，想像一下若從 30 歲寫到 50 歲（人稱 20 年的黃金工作期），可累積多少個讀者？每一部著作都會累積一些，寫出自己獨一無二的風格後，這些讀者很難離開你，新的一直進，舊的出不去，試問如此的工作，別人要如何取代你？

醫生是另一份受人尊敬的工作（其實護理人員也應該同等，但

總是被忽略），大家遇到病痛時會找他們來解決問題，但是再高明的醫生，醫術再精湛，一次也只能救一個人。講師也是一份備受尊重的職業，可用話語影響很多人，但一次也只能影響一個班。作家則不一樣，若能寫出一本好書，其影響力不受空間的限制，可影響當代的所有讀者，並且不受時間限制，一本好書萬古流芳，影響世世代代的每個人；一本經典巨著的作者，他的名號和地位雋永不墜，是最受尊敬職業的第一名。

除了「錢多事少離家近，自由長壽受尊敬」以外，作家這份職業還有很多額外的好處，例如風險低、人身安全有保障、不需存貨、硬體設備要求低等，我認為這份職業還有一個「無敵」的優勢，就是「生活即工作」，你的生活歷練可全部轉換成你寫作的素材，你的生活越豐富，你的創作就越精彩，每一天每一刻，你都在生活，但同時也在收集寫作的素材和靈感，也就是說，你活著的每一天，都是你的工作，而且都是可以變現的！你可以放肆的去享受生活，因為那可以讓你的工作表現越好，藉此形成一個良性的循環，越活越好，越好你有富有，精神和物質上都富有，人活著不就是要追求快樂。試問還有什麼職業可以達到如此境界？

熱血過後，你一定會質問——不對啊，當作家賺不到錢啊！第

一個「有錢」的條件就不及格了，怎麼會是夢幻的職業呢？沒錯，現在當作家沒以前好賺了，因為大家都不買書，所以書市萎靡得厲害，當出版社沒賺錢時，作者怎可能靠賣書賺錢呢？

為了要說服你作家是最好的工作，如果當作家能變得「有錢」，那麼我的觀點就能成立吧？解決問題的第一步是發現問題，問題是「現在當作家賺不了錢」，但這是真的嗎？縱使在越來越萎靡的書市，那些排行榜的前幾名還是很賺錢。只要書狂賣，作者仍是可以致富的。

以上是靠傳統的出書方式。拜網路所賜，每個人都是自媒體，藉由不斷的創作內容得以聚眾，然後就可以販賣產品給他們，而這個「產品」當然可以是書。我曾經自費出版一本書《網路強人會》，從設計封面、排版、印刷、裝訂、簽名、行銷到寄送樣樣自己來，親自走過完整的出書流程，因為這本書是我的自媒體實驗之一，最後我決定用送的，想要的人只需負擔運費和處理費共 80 元；但如果今天我決定用賣的，假設賣 280 元，扣掉所有成本，每賣出一本我就淨賺 200 元，保守的抓 3,000 本好了，就是 60 萬的淨利，這數字比透過傳統出版社來得好多了。問題是你有能力自己賣出 3,000 本嗎？有沒有這可能？當然有！

「書」是一種資訊商品，同樣是傳遞知識的方式還有線上課程，我們以 Hahow 的線上課程為參考，一個好的資訊商品可以賣多少錢？有多少人買？點進「熱門課程」我們可以看到從 500 到 5,000 人購買都有。最高的是阿滴的影音剪輯課程，近 10,000 人購買，一門線上課程賣 1,800 元，而一本書只賣 280，所以我抓 3,000 本真的不為過。自行出版、自行販賣最大的好處是「可以累積」，就算你嘗試了，第一本只賣出一百本，但至少你有這一百位的讀者資料，你的第二本不會從零開始。隨著每一本的銷售，加上你用免費內容吸引到的新讀者，一點一滴的累積，這事就會越來越好做，而且因為版權都在自己手上，買你第八本書的也有可能回頭來買你的第一本，每一本都是一個被動式收入。想像一下，十年後，你的網站裡有十本你的實體書（或電子書）在架上，到時候你要做的就是盡可能帶流量進來，然後讓他們彷彿走進書店，挑幾本喜歡的去結帳。以行銷面來說，你仍可以透過傳統出版社或其他平台來賣書，跟他們拆帳，但那真的只是行銷所用。真正的高利潤是你自己的網站販賣，完全的獨占，親自做客服，維繫與讀者之間的感情。

你應該源源不絕的每年寫新書，或是採用每季寫點短篇來賣，這概念就像音樂人可以販賣整張專輯，也可以販賣單曲。「知

識」能否這樣賣？當然可以，我的「完全訂閱制」不正是如此嗎？之後會再談到，每天只要十元，輕薄短小（但有力量），等到篇幅足夠（其實早已足夠），我就可以集結成書，販賣「整張專輯」──這正是本書的主體。

6

網紅是不是一個值得努力的行業？

前面我提到，世界上最好的工作是作家，我想繼續這個話題。還有什麼好工作能夠「進入未來」，什麼行業能確保「現在做也不會落伍」，而且越來越輕鬆」，我的答案是「關鍵意見領袖」（Key Opinion Leader，簡稱 KOL）。雖然 KOL 這詞也不太精準，好像只能提供意見似的，不太正確；「網路紅人」（簡稱「網紅」）呢？這也不太精準，因為我想談的不只在網路上，實體世界也要紅！目前有很多詞彙，都無法創造一個最精準的名詞去定義我認為最好的行業，這些詞彙包括：

部落客／網紅／意見領袖／ YouTuber ／數位游牧民／ SOHO 族／自媒體創業家／斜槓創業家……

對我來說，還找不到一個「職業名稱」能夠統包以上這些工作，但至少此篇文章，我們暫時使用「網紅」來代稱。

每個行業從新手開始，努力再努力，都要好幾年才能「出頭」，成為該領域的翹楚。各行各業要出頭的時間不一樣，某些行業門檻非常高，例如：

- 大法官：15 年
- 醫師：7 年（不包括實習）
- 機長：6 年（要有足夠的飛行時數）
- A 級棒球教練：6 年（要先幹 3 年 C 級教練，再幹 3 年 B 級教練）
- A 級網紅（部落客 /YouTuber/ 領域專家）：2 年

在這麼多行業之中，在「網紅」這行只要兩年就能出頭，這兩年內，不求回報的無償分享，能寫出多少好文就寫多少好文，能幫助多少人就幫助多少人；在這兩年內盡可能的累積「讀者」，建立「觀眾群」，這群願意看你內容的人將會是你事業的根基，也是你內容變現的首批來源。不要覺得這很可恥，一點也不，假設你花兩年時間，幫助了一千人，而其中有一成的人想要知道更多，你就可以開始服務他們，給他們更進階的內容。把資訊都放在你的網站裡（或部落格／ YouTube 頻道），兩年下來累積的全部免費分享，應該會有滿多（看不完）的量，網路搜尋（SEO）也會有能見度，這就是個人品牌的起點，下

一步則是設計「商品」，然後賣給想更上一層樓的人。

你也許會問，「網紅」的收入潛力有多大，會大過法官、醫生、機長嗎？我的答案是肯定的，做到 A 級、做到業界指標、做到最 top 的，收入方面一定是最好的，而且時間自由彈性，工作量輕鬆，壓力還比較小（對比機長、醫生的壓力）。數字來說，我估計一年收入是從 300 萬起跳，上看 2,000 萬，至於要怎麼樣做到，各方面收入來源的比例分別是多少，例如網路廣告、業配收入、講師收入、著作收人、網友訂閱、實體聚會等，則要看個人的時間分配而定。但如果能從流量變現，到內容變現，到專業變現，再到「渾身是案」的品牌變現，年收千萬這個目標是可以實現的。

選擇一份工作，除了考慮收入多寡之外，其他條件還包括自由度、壓力大小、未來潛力、社會認同感等，另外我認為還有一個非常重要的點，但很少人會提到，就是這份工作能不能「越做越輕鬆，但維持一樣的收入，甚至更高的收入」，你沒聽錯，有沒有可能越做越少，但是越賺越多，也就是 "Work Less, Make More"。有這樣的夢幻工作嗎？有啊，就是「網紅」（部落客／ YouTuber ／領域專家）產業。

法官、醫師、機長、高階主管有可能因為年資而加薪，但他的工作內容不會越做越輕鬆。「網紅」頭一兩年可能非常辛苦，但到了第十年、第二十年，理論上會越來越輕鬆，而且收入夠高。為什麼會這樣？因為「觀眾紅利」「粉絲利息」，越多人看你，你的產值越大，假設你每一年能贏得一千名粉絲，十年就是一萬名；你第一年寫一本書，最多只能賣一千本，你在第十年同樣寫一本書，字數還更少，但你可以賣給一萬名粉絲。當你觀眾越積越多，你收入的潛力隨之加大，而這一點，是其他行業沒有的福利。除非他們開始認知到這一點，這也是為什麼各行各業都應該做個人品牌，擁有追隨的群眾，因為唯有這樣，這份職業才有「時間加值效果」。一份工作若缺乏「群眾」當靠山，它的可取代性是很高的。

當一份職業有了「時間加值效果」，這份職業才真正值得投入。為什麼呢？因為人會越來越老，體力和精力和眼力都會慢慢變差，但支出部分卻會越疊越高，所以一定要趁年輕的時候打好基礎，最好的基礎就是選擇一份對的職業，然後全力投入個 10 年、20 年。

看到這裡，你還不想趕快開始嗎？

打破刻板印象的網紅

莫莉・柏克 Molly Burke

個人網站 https://www.mollyburkeofficial.com

莫莉・柏克是加拿大籍超人氣 YouTuber、社會運動者和激勵演說家，是千禧世代最具影響力的 YouTuber 之一。她因為支持盲人而得到地方性的 YMCA 和平獎，她的同名 YouTube 頻道超過 180 萬訂閱者，內容包括她的生活紀錄、彩妝和一些社會議題。她表面上看起來是一個正常的年輕女孩，但其實她是個盲人，也因此，她的成名鼓勵許多身障人士，讓她們的生活更堅強。事實上，她一點也不覺得自己有任何劣勢，她認為她跟其他 YouTuber 一樣可以做到任何事：每週更新兩次有趣又真實的影片，包括彩妝、穿搭、科技和無障礙設施等盲人相關內容，她也會邀請其他知名 YouTuber 一起入鏡。

莫莉公開分享她克服逆境和擁抱多樣性的經歷，選擇挑戰社群網站和影片，與她的觀眾做情感連結。她相信每個人都有自己的力量，可在任何挑戰中生存，並且學習如何從這些磨練中苦壯成長。莫莉鼓勵人們放下過去，以明亮的眼光展望未來（這是她雙關語的幽默）。她的目標是教育大眾，激勵他人，勇於追求幸福且實現自己的目標，即使在最黑暗的日子裡也是如此。就像另一位身障激勵者尼克・胡哲（Nick Vujicic）說的：「你沒有資格說放棄。」

雖然國內外媒體常報導一些 YouTuber 的醜聞或傻事,但只要有人可以像莫莉這樣做良好的示範,當年輕人的榜樣,讓他們看清自己的能力,為自己的人生奮鬥,都可為社會帶來正面意義。

想像一下,當 YouTuber 或 Instagramer 就是要五光十色、絢爛奪目的人格,但若你什麼也看不見,這不是一種諷刺嗎?所以每當你想要放棄的時候,就來看看莫莉的頻道。如果她都可以,你憑什麼不行?

練習成為
創作者的基本功

1

如何成為一個
「有創意」的人？

創意有兩部分，「想出來」和「做出來」。各位覺得哪個比較
難？

我記得黎智英有句名言，他說天底下的事只有兩種：「找出問
題」，然後「解決問題」。各位又覺得哪個比較難？

第一個問題，大多數人可能會認為把創意做出來比較難，因為
世上的點子這麼多，能執行出來的才算數。這沒有錯，但對於
大部分的人而言，我們並不是要像華德迪士尼那樣想出一個迪
士尼樂園，或像伊隆·馬斯克造火箭上太空這樣的創意實踐，
我們要的創意規模小很多，可能只是某產品的 1% 優化、一個
新產品的雛型，或一篇好文章的題材而已。

既然如此，我認為「想出來」比較難。一但想得出來，因為你
熟悉自己的能力和產品，「做出來」只是時間和方法問題。身

為創業家，找到方法不是問題。

黎智英那句話也是一樣，「找出問題」比「解決問題」難多了。你若能找到真正的核心問題，就可對症下藥，迎刃而解，這也是為什麼很多人說「問對的問題很重要」，因為那才是最難的部分。一旦找出問題，就可以分解成一個個小問題，然後一一設法克服。因此我認為世上提出點子的人少，解決問題的人多。企業職場正是如此運作，一個老闆的點子，有一萬名員工在幫他實現。

每天每個人都有許多想法在腦中流竄，「想出來」真正困難的是什麼？我認為是點子的**留存率**。

思緒是一條不停流動的河，有時平靜，有時洶湧，當思緒泉湧而出、大量噴發的時候，如果你不趕快記下來，新的想法很快就覆蓋掉舊的，你可能會忘記一些，無法全記下來。假設你有十個點子依序噴出，只憑大腦的短暫記憶，一般人只會記得第九個跟第十個，**前面的**很可能就忘了。但也許真正好的點子是第一或第二個，所以要趕快記下來，讓這些想法持續流動，絕對不要高估自己的記憶力，最後仍只剩下**最新的**。

我再打個比方。你因為口渴去河邊取水，但沒帶容器，只能用雙手裝，雖然漏了很多，但仍然有喝到一些，口不渴之後你就忘了，於是下次口渴你又必須再重新找水源。但如果你有容器呢？比起手不但不會漏水，而且還可以裝滿、帶在身上，想喝就喝——這個「容器」的意思就是記下來。若你有這個習慣，你將永遠不再「口渴」般的腸枯思竭。

我們先回到標題，如何成為一個有創意的人？很多書籍或理論要你多看書，多自由聯想啊，多觸類旁通，都沒有錯。但我認為最困難的不是出在這理，而是在於你的「出水口」，我們不用**成為**一個有創意的人，我們其實**已經**是有創意的人。但差別是，你能「留下」多少點子，我們每天開車時、通勤時、洗澡時、睡前時、坐在咖啡店看人來人往時，腦中都有無限的點子在流動，但一個「有創意」的人（至少在外界看起來），是會隨手做紀錄的人，而且比「沒有創意」的人記錄得更勤快。

大家知道「我是馬克」嗎？每一次我跟他出去，他都會隨時掏出一個小本子，然後手寫下來一些筆記。他不是唯一，我看過許多廣告大師的傳記，也都有同樣的習慣，所以我把它講白了，有創意的人＝會隨手記錄點子的人而已。不是因為他多聰明、多天賦異稟，千萬不要把這件事情神化了。當然，豐富的生活、

飽讀詩書、環遊世界、善於觀察人群，那些還是有幫助；但如果簡化到只說一個差距的話，那真的就是「是否能把點子留下來」而已。

創意完全是一種無中生有的開創。它不是零和遊戲去搶市占率。好的創意直接把餅做大，造福更多人，讓世界更好。我一直覺得頭腦裡面的東西，如果能夠有 1% 實踐出來就好；假設每天我有一百個點子，我能記錄下來十個，其中一個對社會有益，分享出來給大家實現。全球幾億人都這樣子，等於效果再乘以幾億倍，人類就會因此而進步。所以追根究底來說，世界的進展都是源自人的思想，而你我都是其中的一分子。

今晚早點睡，明早賴個床，留點時間給你的「夢幻時刻」吧。

2
七個小技巧讓你成為創作者

我們每天看別人，羨慕別人慢慢紅起來，但其實我們跟這些網路名人的差別只有一個，就是他們有產出，而我們沒有。我們常想說如果有一天我來寫，或是我來拍影片，我該如何找到獨特定位，我該如何做出不一樣的內容，我該如何使用 SWOT 分析來規劃——大家把這件事情搞得太複雜了，很多人來上過我的課，還上了好幾次，但到現在沒有開始任何的創作啊！

創作不只用腦，還要用手，不要說還沒「準備好」，因為你永遠不會 100% 準備好。創作是一股熱情和衝動，把這股力量直接釋放出來，不要想太多。如果你需要一些技巧的話，希望看完以下七點之後，不要再**計劃**了！直接開始吧。

①　每天記錄一點什麼
一天很長，你可以做很多事，吸收很多資訊，可能是看新聞、影片、去公園賞鳥、幫寶寶做副食品，不管做了什麼，你有感而發，然後把這件事記錄下來，用寫的、用說的、用手機拍一

張，總之**記錄**下來，然後貼在公開的地方，例如你的 FB 塗鴉牆上。每天至少記錄一件事，至少養成連續一年的習慣；每天把心中的感想**對外發表**，只要有產出，就會有機會。

② 列出每天要產出的項目

當你能做到第一點，朋友（市場）會給你一些回饋，讓你開始有想法，什麼該寫、什麼不該寫，寫什麼反應最好，寫什麼會被罵被酸，你會慢慢抓到**節奏**，寫什麼可以又快又好，寫什麼很耗時卻沒人欣賞。在這個「隨興產出 → 市場反饋 → 做出調整」的過程中，你等於在優化你的創作能力。

下一步，要開始集中火力，將每一篇創作的效益加大，嘗試在最短時間內，創作出夠好的作品。因為要縮短時間，所以你應該在每天晚上關電腦前，在便利貼上寫下「明天要寫的東西」，貼在你的螢幕上，然後隔天起來開電腦的第一件事，我重複一遍，**第一件事**，就是完成它們，然後，你就可以把便利貼揉掉了。

③ 把你的產出和輸入的「裝置」分開

呼應第二點，很多人每天開電腦後，就待在那不知道要幹嘛。如果你不告訴自己「第一件事」是什麼，那八成就會先去滑

FB 了，但你的電腦是拿來辦公的，不是休閒用的，至少它不該醒來第一件事就是休閒。所以要滑 FB 可以，你必須先完成一項工作。或者，我們運用這個概念：桌機就是用來工作的，手機主要是用來休閒的，必須將兩者分開使用。當我們屁股坐在桌前打開桌機，就應該是要工作的；只有當工作告一段落，才可以滑你的手機去休閒。

④ 先專注解決一個問題

一開始，我們或許什麼都想寫，但許多經驗再再證明，你若什麼都想寫，有限的時間內每樣都無法寫到**最好**。現今資訊量過載，唯有最好、最深、最詳細、最瘋狂的作品才會被看見，所以一開始的策略是「深掘」。只專心解決一個問題，用四面八方、超級詳細的內容將它包圍，例如：

- 你可能想寫寵物，但初期策略是先縮小為「如何養柴犬」就好
- 你可能想寫旅遊，但初期策略是先縮小為「日本自駕遊」就好
- 你可能想寫網路行銷，但初期策略是先縮小為「如何操作社群廣告」就好。

以此類推。一開始如果想包山包海，力道比較分散，還不如先專心把你「大主題」裡的「子主題」做好，會更容易聚焦，你的寫作素材也比較方便收集。

⑤ 重組你的內容

一年後，你應該已經有豐富的內容，如果運氣好的話，你在一些人心中應該已是「柴犬專家」「日本自駕達人」或「社群廣告大師」了，但其實你離「知名」還差很遠，需要再加把勁，此時應該跳脫初期的創作平台，把你的作品用不同的形式，放在不同的平台，接觸不同的群組。初期你專注於「深」，所以已經擁有足夠的內容，現在要嘗試求「廣」，例如可以把部落格的文章……

● 變成簡報，放在 FB 或 SlideShare 免費供人下載
● 變成語音，做自己的 Podcast 節目，或免費供人下載
● 變成影片，成立自己的 YouTube 頻道
● 變成電子書，當作「名單磁鐵」（Lead Magnet），收集訪客的 Email 名單
● 變成一堂課程，看是線上或實體都可
● 變成一本實體書，解開「出書」的成就

想像力是你的，可能性還很多。有人說「內容就像麵粉」，你可以拿去做麵包、包子、胡椒餅，重點是把它加值變現。

⑥ 確認你的大方向

一開始我們不貪心，創作只求有人看，網友的好評就讓我們有動力，心中感到溫暖，但溫暖不能當飯吃，好評聽多也會膩，若我們要長期經營這件事，有經濟上的收入才是務實的，所以不管在什麼階段，你都不能忽視那內心深處的小聲音——「我該如何賺錢？」

其實第五點就是提示了，內容是你的，你的觀眾喜歡吃麵包，就做麵包；喜歡胡椒餅，就做胡椒餅。前面也提過，「創作」要變成事業，要先將之「商品化」，然後去定價，然後去賣給你的讀者。也許一開始你心中沒有這些打算，但隨著網友對你內容的需求反應，你需要設計一系列的「商品」，然後去試著賣錢，定價從低到高慢慢試，直到你達到付費人數和商品售價的平衡點。

⑦ 設定目標和期限

沒有目標的創作，就像漂浮在海上的船，動力只會消耗殆盡。人要達成一個又一個的目標，才能永保動力。創作的目標可以

很久、很難，但一定要定出來，例如「出版一本書」「每年研發一個線上課程」「每年收入要增加 10%」等。

為了要達成目標，還可以設定一些期限，因為大家都有拖延症，但若一件工作有條死線（deadline，完成期限），則可以不時舒緩你的拖延症，特別是沒有老闆或主管叫你去做事的自由創業者，「死線」就像是你的老闆。如果還需要更多的「外部刺激」，不妨給朋友 1 萬元，只有在死線前完成任務，這 1 萬元才能拿回來——敢試試看嗎？

以上七個小技巧希望能幫助你快速啟動你的創作生涯，啟動之後，一個正常的創作者會在過程中找到優化的方式。足夠的內容會帶來觀眾，然後觀眾帶來商機，得以讓你的生涯繼續發展，邁向名利雙收的山頂。

3

將不同形式的內容
發展成一門事業

如果有一個想法萌芽，可以用很多種方法呈現出來。「內容的形式」其實比我們想像的還要多：

- 文字 / 文章
- 圖像 / 照片
- 漫畫
- 資訊圖表
- 影片
- 聲音（Podcast 或 .mp3 檔）
- 簡報
- 課程
- 戲劇
- 桌遊

廣義來說，只要是我們眼睛所見、可承載資訊的地方，我們就

可以把內容呈現出來，也就是說，除了上述的形式，未來可能會出現新的形式，因為會出現新的「地方」和「通路」。這裡我們重視的概念是「先有內容，才選擇呈現方式」，若你沒有核心內容，通路再怎麼多，你也不會紅。俗話說「內容為王，通路為后」，先王再后，沒王、有后也沒路用。

假設我很貪心，所有內容形式都想做，包括上述的寫文章、照片、影片、聲音、簡報、課程等，那麼應該先做哪一樣最有效率？也許每個人答案不同，但我的答案是「影片」：

① 先做比較難的，「轉換形式」時會比較簡單
一部影片可以擷取聲音出來做成 MP3，當你上字幕時就有文字說明（或是可以先做好大概腳本），於是影片、聲音、文字部分都有了。圖片很簡單，直接截圖就好。再來，擷取重點文字變成簡報，因為有了簡報，當這些投影片累積起來（假設 10 ～ 20 集影片），你的課程大綱就好了。如果你利用 Canva 等工具，可以將資訊圖表也一併完成。

② 至少在五年內，影片還是市場上最主要的行銷工具
YouTube 應該還是吸引最多眼球的平台，擒賊先擒王，身為創作者，當然先抓最大尾的。你的創作要力求被最多人看見，所

以 YouTube 是你**不得不**現身的平台。做出來的影片都是你的數位資產，不管是放 YouTube 還是 FB，不管是付費收看還是免費分享，你永遠可以反覆利用這些影片，重新剪輯，拉長縮短，非常有彈性，能隨潮流演變去做更新。

③ 露臉對個人品牌的幫助很大

拍影片要露臉，看到你長什麼樣，觀眾就會多三分信任。再來，顏值高、口條好大加分，會後製、上特效再加分，內容有料的話就更好了。簡單的說，如果你真的是一個「會紅的人」，影片是最快速的途徑，一年很正常，半年不意外。我常說以前電視上有怎樣的藝人，未來網路上都會有，拍影片、放 YouTube 正是這種典範轉移的溫床。

大部分創作者可能都是從「文字」開始，特別是從部落格世代出發的人，這是次佳的選擇，因為文字是所有創作的「基底」，不管你最終是否以文字呈現，文字的部分都不可或缺。就算你拍影片，也最好要有文字的腳本，把影片內容和順序先寫下來，方便參考和修改。很多老外很厲害，當他們有一套學說時，他們會先出書，然後從一本書發展出延伸的商業機會，可能是線上或實體課程，可能是顧問或教練，但不管是什麼，他們先從文字開始累積，才發展出其他的形式。

4
創作數位產品的好處是什麼？

在網路上賣東西，通常分成：賣實體商品的人，我們稱為「電商」；賣數位商品的人（人數少很多），暫稱為「創作者」。我認為前者會越來越難做，而後者的成長會越來越快。

根據統計，2017 年美國有 34% 的工作人口在網路上賣過數位產品，預計在 2020 年會成長到 43%。也許很多人會覺得「在網路上賣東西」跟他們無關，特別是那些朝九晚六的上班族，但現今社會，這樣的維生方式毋庸置疑的存在，也是一種可預見、擋不住的趨勢，這樣的工作方式並不是什麼流行，它只會越來越常見，絕不會消失。

科技的發展加上消費者購買行為的改變，讓創作及銷售數位商品比以前容易太多了。到底什麼是「數位商品」？白話的說，數位商品是任何產品，以摸不到的檔案格式存在，這些內容可以被串流、被下載或是被轉成實體商品（例如電子書可印刷成

實體書）。他們主要的接觸點是透過科技，而不是面對面的交易。數位產品包括但不限於聲音檔案、電子書、有料清單、可下載的工作本、可列印的圖案、軟體的模板、手機或桌機應用程式（含遊戲）、會員資格、線上課程及各種創意資產等。數位產品不需要任何的「實體安裝」，就可讓客戶從電腦、手機或平板購買及使用。

瑞典有個樂團「Dead by April」，直接把他們的音樂賣給消費者，創造五倍的利潤，他們的商品，包括音樂和周邊，是放在 Shopify 這個全球最大的購物網站平台，把他們的音樂用數位下載的方式販賣，因為是數位下載，消費者付錢之後就可以馬上聽到，平台會即時統計並支付廠商（就樂團），該樂團的現金流不會被卡住，可以專心製作音樂，而且可以一首一首賣，也不需要等到做好十首、轉 CD、包裝、寄送等傳統過程。當然你說 Spotify 也是這樣啊，沒錯，但 Dead by April 是直接以電商的方式賣給樂迷，算是自己來，而 Spotify、AppleMusic、KKBox 這類音樂市集（marketplace）抽得比較多。

還有一個品牌叫「FilterGrade」賣 Photoshop 的特效和 Lightroom 的 presets（預設風格檔），網站每天有五萬人造訪，客戶包括攝影師、設計師和部落客。他們成功定位自己為一個

「社群」，而非一間店面，成功從競爭中勝出。

販賣數位產品的優勢

數位產品充滿無限可能，把它跟實體產品比較，可看出擁有非常多的好處。很多人說買東西，還是要看到東西才有踏實感，才有購物的樂趣。當然，實體產品市場仍然比較大，但其實不是每一樣實體產品的利潤都很好，許多相似商品削價競爭，讓市場競爭異常激烈，迫使利潤越來越少，然後進入全滅循環，我們賣東西不就是要求利潤嗎，為何要逼死自己，到頭來做白工一場空？另外，販賣實體商品還有「購物車拋棄」（abandoned cart）的問題。「購物車拋棄」的意思是「原本想買，但後來決定不買」，調查顯示消費者的前三大原因分別是：

* 運費
* 要建立一個帳號，提供收件人資訊，包括姓名、電話、郵遞區號、地址等
* 結帳過程太長、太複雜

第一個原因，消費者要支付額外的費用，包括運費、稅、或各

種名目的處理費，很多人只要看到「東西變貴」就會澆熄購買熱情。第二個原因，因為要寄實體商品給消費者，所以你需要購買人建立新帳號，並提供姓名、電話、郵遞區號和地址，消費者其實跟你還不太熟，一下子跟他們要這麼多資料，部分人會因為隱私而猶豫。第三，結帳過程太長或是太複雜，時間越長，消費者越能恢復理智想清楚，這東西真的需要嗎？往往在過程中免不了會想「還是再看看好了」，因此放進購物車但未完成購買。

好消息是，數位產品基本上沒有這三大問題：沒有運費，消費者無需等待，卡刷下去馬上就得到他想要的。其次，消費者不必建立帳號，只要給你最無害的 Email，你就可以把產品下載連結給他，甚至，你連 Email 都可以不跟對方要，交易成功後直接給下載連結（但要保護好，不要讓此連結外流）。最後，購買流程快速方便，消費者幾乎沒有時間恢復理智，馬上完成衝動性購買！

其實，數位產品對比實體產品的優勢還不只這些，包括沒有庫存──你不需要租個倉庫來囤貨，不怕水淹火燒的天災人禍；沒有中間人的層層剝削，犧牲你的利潤；輕易規模化，不論賣給一個人或一萬個人，你的動作都是一樣（付錢，給他們下載

連結），頂多增加客服成本。但實體商品若要規模化，你的成本就不只人力成本，還有其他隨之增加的變動成本。

數位產品也比較「沒有中間人」。這不只關係著利潤，還有你自己對產品的掌控權。當實體商品生意從車庫擴展出來，因為必須想辦法送到客戶家，於是你開始得跟物流夥伴周旋，跟經銷商上酒家打好關係，談上架、拆分比──盡看這些中間人的臉色。因為他們變成你的業務員，他們有權去改變你產品的**賣相**，要是不配合，他們就擺爛，銷售成績就差，你被迫改變。從製造者到客戶端，產業鏈裡所有的中間人都有可能找你麻煩，縱然相處得不愉快，可是為了賣出去，又不得不妥協，說不定利潤還一再被侵蝕。做這種生意真不愉快。不過，假設賣電子書呢？你可以輕易規模化，傳送電子書給一百萬個客戶也不需要任何額外的付出，你的唯一費用就是你的主機費和行銷費。你可以找一個好的平台，他每個月收你固定費用，你得以算出「固定成本」，而不是因為規模化增加的「變動成本」。

做實體產品的另一大缺點是，一定得先付一點錢才有可能賺錢，這順序會害死人。例如你要賣 T-Shirt，你必須花錢先打樣，然後問工廠最少訂購量是多少，他們說一百件，假設一件製作成本是 200 元，你就得先支出 20,000 元，在你還沒賣出任何一

件前，你的利潤就是 -20,000 元；假設你一件賣 400 元，你賣出 50 件才打平，第 51 件起才賺錢。根本上來說，這是一場賭注，既然是賭博，你就不一定會贏。

賣數位產品？不用賭，賣出第一件就賺錢。

金錢還是小事，時間才是大事。製作實體或數位商品都要花時間，所以「銷售時」互相抵銷不談，可是「問世後」就有差了，實體商品一旦做好，它是不能改的，你 T-Shirt 上面印什麼就是什麼，所以它很難隨著「潮流或趨勢」變動，你在上面寫「恭喜韓國瑜當選總統」，印十萬件，結果蔡英文當選，這十萬件商品就報銷了，金錢和時間全部沉沒！

數位產品做出來，發現苗頭不對，你可以快速做出調整，重新上架販賣。可以因應市場需求跟著變，這點也許是兩者之間最大的差別。實體商品的風險大很多，而且利潤也沒有比較好，聽起來殘酷，但我真的認為事實如此。

歸納販賣數位產品的好處是：

* 沒有常見的線上購買障礙，較低比例的「購物車拋棄」

- 沒有庫存
- 不需要先支付一筆錢才能賺錢
- 對市場的變化更有防禦力
- 沒有中間人的層層剝削
- 對產品有完全的掌控權
- 低風險、高利潤

也許唯一的劣勢就是，如果這個產品很貴，消費者還是會希望看得到、摸得到。假設你買一台筆電，應該還是會去商店，摸摸它看看它，蓋子打開再闔上幾次，才願意安心的購買。不過我認為這是消費者心態，越貴的東西。消費者越會想要摸到、看到才會購買，除非這個東西是已經有既定規格，或是他以前已經買過，不然多數還是傾向直接面對商品。

所以數位產品的價格不可以太貴。這也是為什麼我認為線上課程不能定太高，但實體課程可以，因為實體課程就是跟**產品接觸**，面對面的交易，縱使他們仍是在線上刷卡。

有什麼數位商品好賣呢？

最入門的還是電子書，一來它很好製作，所以你可以賣得很便宜，讓很多人得到，成為認識你的入口。書其實就是一個「名單磁鐵」（leadmagnet），你做生意的結緣商品，很容易賣給別人，然後當他們跟你買過以後，就會更願意買你其他更貴的東西。跟那些沒向你買過東西的人比較，預估有 27% 的機率會再來跟你買東西。

接著是「線上課程」和「會員制」，這是目前的市場顯學。另外出版商發現「有聲書」是新的「金雞母」，正在快速成長中。最後是應用程式和軟體，特別是在手機上的 apps，也是一個快速成長的項目。

如果你想要進入數位產品的**成熟市場**，那麼應該專注在電子書、有聲書、線上課程和應用程式。電子書和有聲書，是數位產品很棒的入口、試金石，若你是個力求規模化的創業家，不妨考慮線上課程和應用程式，因為這兩個項目，在未來都有很大的成長潛力。數位產品讓創業家有能力「開發一次，銷售永遠」。

最後，數位產品要在哪裡賣呢？可以在自己的網站，或是相關平台，但是要考慮每家的優缺點。數位產品也許不適合每一家公司，但如果你是創作者，想要有兼職且多元的收入，或是想輕鬆規模化你的事業，我建議打造一個自己的網站，當成是行銷漏斗的入口，結合內容、Email 名單和社群網站，會是一個最好的選擇。

5

我的八點「在家工作」
經驗談

不管你是自願，還是被迫「在家工作」——歡迎你加入我們的
行列。恭喜你，終於迎上了趨勢。

不管國內外，現在好多文章都在教你「如何在家工作」，幾乎
變成職場顯學了，但我發現很多都是「偽專家」寫的，根本沒
有在家工作的經驗。有些文章感覺像「教科書」的範本，什麼
要專注、時間管理、番茄鐘……這些文章的問題是「知道，但
做不到啊！」就像我知道減肥就是少吃多運動，但做不到啊。
大家都知道「在家工作」要專注，但周邊的干擾這麼多，又沒
有老闆或同事盯著，專注？做不到啊！

下面講幾點常見的「專家建議」，然後我提出自己的看法：

① 應該工作幾小時？
專家說每天要保持一樣的上班時數，例如在辦公室待八小時，

9 點～ 17 點，那在家也是一樣──當然很好，但我覺得哪裡怪怪的。你都在家工作了，基本上就是「責任制」「結果論」。在家工作者其實可以忽略「該工作幾小時」這件事，如果你很厲害，一小時就做完了，那是你好棒棒，賺到很多自由時間。而且如果你很厲害，又有企圖心，還可以做點別的，看是兼差還是累積自己的觀眾，例如寫部落格、拍影片。如果你沒有創業家精神，只想完成老闆交代的事，不如爽爽過生活就好啦。

② 建立「家規」

女兒還小，這麼可愛，只要她在家，我的工作時間立馬減半。我都開玩笑的跟同業說：「我在讓她們。」但我心甘情願啦。在我隔天要去開班授課的「緊急時刻」，前一天要備課，我會和老婆說我要閉關，小孩不能來打擾，所以那天晚上可能連睡前故事都沒有。我就這樣工作好幾年，現在女兒都九歲了，我還是**一半一半**的時間配置。

跟另一半「定出家規」是有效的，跟家人先溝通好，請他們在你的工作時間不要來打擾。但你也知道，規定是用來打破的，在家工作實在有太多干擾──一下清潔打掃，一下郵差掛號，還要追垃圾車，收 foodpanda，規定也只能盡力囉。

③ 保持社交性

你知道誰最常玩 FB 嗎？就是在家工作的人，因為沒有同事。人類有基本的社交需求，在家工作者只能藉由 FB 來滿足這點。現在很流行一個詞叫「social distancing」（社交疏離），其實我早就如此了，很多專家建議要保持社交性，多用 zoom 或視訊來與人互動，但我覺得一個人做事還是最有效率，我甚至連 FB 時間都刻意減少了。

④ 整齊乾淨的書桌和工作空間

這是心靈層面「斷捨離」的應用。視覺影響心情，進而影響生產力，但不是說什麼「桌子越亂、創意越好」嗎？我差不多一年整理一次，整理一次撐一年，我覺得只要自己知道東西放哪裡，UX 設計得順手就好。每人有每人的風格，無需小題大作。

⑤ 要有固定時間運動

這點我 200% 同意，而且我認為這是在家工作者最重要的一件事。要把運動當做你在家工作的「工作」，每天澈底執行，逼自己運動，離開電腦，最好去戶外，連手機都別帶，走路、慢跑、跳繩、舉重、打球什麼都好。它是你頭腦的馬殺雞，讓你的思緒放鬆。若是不運動，身體會胖，心會變懶，進入惡性循環，然後嚴重打擊生產力。我說得再嚴重點，不運動＝在家工

作者的最大致命傷。上班族有通勤的健走，擠捷運的肌耐力，趕高鐵、追公車的小跑步，在家工作者則缺乏這一段，一定得靠自主運動補起來！

⑥ 每天至少做點什麼

電影《KANO》有說：「不要想著贏，要想不能輸。」這就是在家工作的初學者要秉持的原則。很多專家會教你「如何增加工作效率」，但我覺得這是跳級。根據我過來人的經驗，你肯定會先放縱自己幾天，耍廢幾天，畢竟這是一種新的生活經驗，然後呢？你其實不清楚該怎麼開始，東摸西摸，完全無法進入「工作模式」。

然後，隔天也是一樣。

在家工作的初期，不要好高騖遠，談什麼提升效率，那是「從1到N」的事，你要求自己的是「從0到1」。一開始只要去想「避免讓自己沒效率，不要整天一事無成」，在沒有主管和同事的環境下，「自律」是很難的，這件事需要練習，但只要你每天都有進展，生產效率應該會慢慢提升。

⑦ 早點起床

早點起床，或熬夜工作，總之要避開「和家人共醒」的時間工作，特別是小孩。在家工作的優勢正是可以和家人在一起，請盡可能享受這點優勢，然後你就會有動力找出提升工作效率的方法，達到 "Work Less, Make More" 的境界。但在你還沒優化工作效率之前，就比孩子早兩小時起床吧，你會發現這兩小時自己就像超人，可以做好多事啊！然後小孩醒了，陪她一起吃早餐，你的心中是充實的，說不定你還已經完成了當天所有的待辦事項。當然，你也可以晚睡，如果你的肝還年輕。

⑧ 正面的態度

我們處在可以遠距工作的世代，所有的工具都已具備，那麼多平台和知識可以隨時存取——這幾乎在 20 年前是不可能的，所以我們要保持正面心態，珍惜現有的一切。

最後我要用兩句芭樂句來收尾：「在家工作」沒有你想像的簡單，也沒有你想像的難。我們處在最壞的年代，卻也是最好的年代。

6
論時間管理，我如何還算高效工作

先打個預防針，我絕對不是所謂的「時間管理專家」，我也不想成為「時間管理專家」。我一貫的主張是，人生在世，要嘗試把「所有時間」都變成可以享受的，所以第一個重要觀念是先區別自己「喜歡做什麼」和「不喜歡做什麼」。對一般人來說，他們不喜歡「上班」，我也是，那就不要「去上班」；再來，他們不喜歡「工作」，只喜歡「休閒娛樂」，我也是，所以我盡力、盡早把這兩項變成同一項行為。

我選擇工作的原則就是「上班要開心」，畢竟我每天要至少花八小時在這上面，奔波、輾轉、進出幾間公司後，我終於發現一個驚人的事實：只要你是員工，你在工作的時間就不可能「快樂」多過「不快樂」，倒不是絕對時數的差別（例如開心四小時，不開心五小時這樣），而是只要有一件不開心的事，就可以抵銷你所有的快樂時光。

例如你今天被同事黑，你會不開心整整一個月，就好比「負面事件」的印象分數，會比「正面事件」來的高，而讓你痛苦的時間延長。我又領悟到，背後真正的關鍵是什麼？是「自由」，是「被別人管」，別人的公司規定是由別人所制定，不是你能左右或掌控的，因為你沒有決定的自由，因而你痛苦。想要真正把「開心工作」擴充到大多數的時間，你必須消除「不可控」的變數。簡單的說，就是自己當老闆，儘量減少不必要的心情變數，例如辦公室政治、年度考核、颱風假等雞毛蒜皮的事情。這些事情對人生、對你的事業真的一點也不重要——如果你非常確定你要的是什麼，走在什麼樣的道路上。

巴菲特說：人最怕就是「自欺欺人」。很多人會自己說「工作即興趣」，但其中很多都在自欺欺人，只是讓自己上班的每一天好過一些。我不是要否定這些人的價值觀，我覺得安居樂業也是一股社會的力量，只是我們本篇談的是「時間管理」，而「時間管理」說穿了就是「痛苦管理」。我覺得很荒謬，當一個人身處痛苦，他怎麼去管理痛苦？如果一個人最大的痛苦來源就是工作本身，他談的時間管理是如何減少痛苦嗎？這根本緣木求魚吧。

成為時間管理的高手

如果你把「喜歡做」和「必須做」的融為一體，就已經完成了九成的時間管理，其餘不做都沒關係。我再打個比方，假設你想做「健康管理」，再假設吃菜比吃肉健康，你要做的第一件事情，就是「把什麼都賣的餐廳變有機菜園」，把你自己身處的環境，從吃肉的變成吃菜的，等到你身邊只有健康的菜可以吃，那就不必再去「管理」什麼食物該吃，什麼不該吃，因為你不管怎麼吃、吃什麼，都是健康的。

可以歸納出來，時間管理有三個原則。第一個是「意識」，你要抽離你自己，去看你自己，每天你花時間在做什麼，這些事是否讓你快樂；若不是，怎麼改變？第二個是「改變的勇氣」，先不論方法，要先勇敢去行動，一旦開始行動，正常人都能找出方法。最後才是時間管理大師們所說的方法論，什麼「時間四象限」、「GTD」、「番茄鐘」、「吃那隻青蛙」等。然而，我不用這些理論，只簡單的做個列表，放在輕易可見的地方，提醒自己要儘快完成就好。重點是要專心，盡可能專心。

但只要是人，只要你坐在電腦前面可以上網，分心是難免的，也是必須的，因為你需要 mental break（心靈的短暫休息），所

以我認為「時間管理高手」就是「分心後能儘快回到專注狀態」的人，誰能越快**回來**，誰的時間管理能力就越強。好比冥想或靜坐一樣，你一定會分心，但誰能越快回來，誰就是大師。如果這工作是你很 enjoy 的，你就會馬上回來。想像你在打電動的時候，連暫停去上個廁所都捨不得，尿尿時還會儘快用力，好讓你可以快點回到遊戲上。為什麼？因為你很 enjoy 玩這遊戲。

我的工作時間並不多，花很多時間在「業外」，但一樣可以完成許多事。如果要說有什麼策略，我會總結為三點：

① 請確認每天花最多時間在做的事，是你生命中最愛的事嗎？如何判斷，就是當你做這件事沒有錢賺，沒有人會付你錢，你是否仍會做這件事？
② 盡可能移除所有會讓你不開心的事，包括「被管理」「被下命令」，最終目標可能都需自行創業才有可能達成。（或你爸是老闆）
③ 當你分心時，尿尿用力點，盡可能快點回到好玩的遊戲上，因為你還沒破關呢！

還有最後一件事很關鍵，而且跟「時間管理」大大有關，那就

是「精進你的重要技能」。林肯說：「如果給我六個小時砍下一顆樹，我會用前面四個小時把斧頭磨利。」同樣是寫文章，我寫得比大家快，因為我精進過這項技能；我最近練習大量剪輯影片，也是正在磨利這把新的斧頭。對於一個網路行銷者、創業家而言，我身上背了很多把鋒利的斧頭，論砍樹速度、效能，就比多數人高，我用較少時間達成同樣目標，精進技能就等同「節省時間」。當一個人不學習、不精進，不管他多會「管理時間」，時間都無法發揮最大效益。甚至可以不客氣的說，根本是糟蹋了時間，時間「怎麼用」都不會，還妄想去「管理」它嗎？

給自己一條「死線」

我常聽到新手問：「我該自己架站還是放痞客邦」「架站模板要怎麼選」「能否推薦架站的工程師」「我有很多興趣，寫哪個比較好」「要怎麼獲得流量」「要寫什麼才會賺錢」──有沒有發現一個共同點：他們都還沒開始寫。

前面提過，人都有拖延心理，有什麼辦法可以克服呢？就是給自己一條死線。在職場上，很多工作或專案如果過了死線還沒

有完成或繳交會怎樣呢？小至被罵，大至丟工作，所以我們被「面子」或「金錢」綁住，壓力很大，我們可以犧牲所有事物，包括陪伴家人、玩樂、睡眠，盡可能的去如期完成。事實上，在大多情況下，我們也真的有能力壓在死線上，逼出自己的潛力。（想想熬夜時的生產力有多高）

然而，「發展個人品牌」就跟「運動」「減肥」「寫書」一樣，明知道對我好，但不急啊！

- 不急著運動，因為心中的小聲音告訴自己：「今天上班好累，明天再開始吧。」（於是開始追劇）
- 不急著減肥：心中小聲音告訴自己：「不吃飽哪有力氣減肥？」（於是開始追劇）
- 不急著寫作：心中的小聲音告訴自己：「我該自己架站還是放痞客邦」、「架站模板要怎麼選」、「能否推薦架站的工程師」、「我有很多興趣，寫哪個比較好」、「要怎麼獲得流量」、「要寫什麼才會賺錢」（然後按下播放鈕）

改變日常行為是一件滿難的事情，一個新的習慣要養成，至少要一個月，所以我覺得最好的方法就是「**有人逼你在這一個月內一定要完成**」，不然的話，就跟老闆不發薪水給你一樣後果

嚴重。

每年 11 月，美國有個活動叫做 National Novel Writing Month（全國小說月），參賽者必須在 30 天之內，寫完五萬字的小說，像是一場文字創作的馬拉松。這活動自 1999 年發起，參加人數一年比一年多，各位若有興趣，歡迎去報名參賽，挑戰 下自己的能耐。

對我來說，建構自己的「知識宇宙」就是從文字開始，不管是把文字放在部落客或 FB 上，又或者要拍影片、錄 Podcast，你的中心思想必須「文件化」。寫作能幫助你思路流暢，有清楚的架構和組織性，說它是個人品牌的第一步也不為過。

所以，不要再問一開始那些新手提的問題了，你的每一天都可以是「全國小說月」，先寫先贏，永不會浪費！**沒有人給你死線，那就自己給啊！**

7
提高生產力的終極方法

「工作效率」這件事在辦公室是不被鼓勵的，如果你做事做得很快，只會得到更多的工作，因為老闆覺得你很好用；久而久之，你不禁覺得，我做比別人兩倍的事情，但是薪水卻跟別人一樣，所以只好開始裝廢，越來越廢。但對你個人來說，這並不是一件好事，因為「裝廢」會你的生產力一直下降，工作慾望也會下降，所以如果你覺得自己是一個生產力很高的人，最好讓你的生產力跟你的報酬成正比，把工作速度變成你的優勢。

如此一來，最適合的就是「自行創業」。

自己創業後，沒有人規定你上班時間，這是好事，也是壞事。好事是你可以充分的利用時間，將你的工作效率「催落去」，努力發揮到極大，你的產出將獲得對等的報酬。壞消息是，你也很可能把這些時間浪費掉，然後過得比之前還慘。也就是說，一個人的「工作效率」還需要搭配「工作紀律」，兩個相乘才

會得出最大的結果。很多時候，上班族因為有老闆、主管、同事指派工作給你，自己不太需要紀律，反正該做什麼就做什麼，做不完就明天再做。創業家不同，我們沒有人在後面**推我們一把**，我們必須自己維持工作的動機和紀律，才有可能創造收入。

如何改善工作紀律呢？第一個方法就是安排好所有你今天要做的事情，把它們變成一個清單。第二步就是按照清單一個一個去做。最重要的是第三步，當你工作的時候，要避免所有的干擾。為什麼避免干擾最重要？因為我們做事的時候很投入，當你進入心流，你會越做越快，可是當一個干擾插進來的時候，就被打斷了。

要把所有被打斷的可能性降到最低，最好是降到零，怎麼降到零，最極端的做法就是**閉關**。閉關的意思就是在一定時間內中斷所有對外通訊，每年一到兩次，每次一到兩個月，這一、兩個月內，你中斷所有對外通訊，專心寫書，做自己的專案，做研究等。

如果你覺得閉關一、兩個月太難，你也可以「微閉關」，比如每週三不對外聯絡，每週四才回覆 Email 或電話，週間不上 FB 等等。我自己一年會閉關個大概幾天，我發現每一次出關

後，都會有一些新的東西誕生，這些新的東西都是我的新產品，可以賣錢的產品。我非常建議大家能夠閉關，這是一個專注提高生產力的好方法。例如所謂的「駭客松」，就是找一些人，放在一個房間，給他們糧食和水，讓他們三天內或五天內就做出一個產品，強迫自己在短時間內非常專注，進入心流，然後完成一些事情。閉關的時候除了 FB 不要開以外，我覺得最好都不要有旁人在，除非是你的工作夥伴，連家人都儘量不要在。

閉關也是一種清理和整理。平常我們會記下很多點子，可能是待看文章、待看檔案，但被日常工作拖到都沒去看，然而一天天過去，這些文章或檔案還是沒有機會被看到，所以我們大可在閉關的時候，把這些「債」清一清，所以閉關不一定是產出（output），也可以是輸入（input），就像是遠離塵囂的清靜，一個人沉澱一下，把自己過去這段時間的思緒和行為**重新整理**一下，讓頭腦 reset，重新再出發。我講得好像是什麼正面冥想還是吃齋念佛，事實上，它就是，不然你認為「閉關」這兩字從哪裡來的？

我的第一本書《部落客也能賺大錢》，花了我六個週末的一整天時間來寫，有連續三週的週六和週日，我早上八點去圖書館排隊進場，好去搶有插座的位置。在圖書館裡閉關六天（中午有

出去吃午餐），總計大約 50 個小時，我完成該書的八成內容。

第二本書《網路強人會》，我帶了約 20 本待看書籍，一個人獨自在大雪山上的小木屋中，同時 input ＋ output。三天下來，扣掉烹飪、洗澡、睡覺的時間，我完全投入在網路知識的世界，完成了約八成的內容。當你完成八成內容，就會自己覺得「快寫完了」「最難的部分已經過去了」。

很多人說寫書很難。如果是真的，那我覺得最難的部分是「騰出時間來寫」。我屬於「死線型作者」，截稿前最後幾晚爆發的那種，不像有些作者會安排寫作計畫，按照計畫每天寫一點，進度很穩定。像我這樣的作家，我們必須閉關！我們必須強迫自己，非常孤獨的一個人，在一段壓縮的時間下（或空間下），來讓自己爆發。

由於每次閉關後的我，都感覺有升級的樣貌，也許是 reset 後的清爽，或是內化知識後的自信，總之都會有好的結果和新的產出，所以往後我應該會增加閉關的次數和時間，來提升自己的工作效率吧。

也歡迎忙碌的你來試試看喔！

8

創作者應該優先經營的
三大塊媒體

媒體頻道大爆炸

<1990	1990 年代	1999	2000 年代	2017
			行動電子郵件	Snapchat/ 戳一下
			SMS	Apps/ 推播通知
	即時訊息	即時訊息	即時訊息	群發訊息
	電子郵件	電子郵件	電子郵件	社交 DM
活動	活動	活動	活動	聲音行銷
直接傳真	直接傳真	直接傳真	直接傳真	SMS + MMS
直接郵件	直接郵件	直接郵件	直接郵件	即時訊息
電話	電話	電話	電話	活動
				電子郵件
				直接傳真
				直接郵件
				電話
電視	電視	電視	電視	收音機
收音機	收音機	收音機	收音機	印刷
印刷	印刷	印刷	印刷	展覽
展覽	展覽	展覽	展覽	網站
	有線頻道	網站	網站	搜尋引擎
	網站	搜尋引擎	搜尋引擎	線上展覽
	搜尋引擎	線上展覽	線上展覽	付費搜尋
	線上展覽	付費搜尋	付費搜尋	銷售頁
		銷售頁	銷售頁	微型網站
		微型網站	微型網站	線上影片
		線上影片	線上影片	聯盟行銷
		網路研討會	聯盟行銷	網路研討會
		聯盟行銷	網路研討會	部落格 /RSS
			部落格	播客
			RSS	情境
			播客	維基百科
			情境	社交網站
			維基百科	行動網站
			社交網站	行為的
			行動網站	社交媒體 & 廣告
				虛擬實境
				小型應用程式
				推特
				行動 Apps
				地理定位
				拼趣
				區域網路

廣義的定義「媒體」，就是所有眼睛看得到、上面乘載內容的
地方。上圖所示在 1990 年代前，我們只有八大類型的媒體，
隨著網路的爆炸性成長，我們的注意力已經完全被分散。

這麼多年來，我只保留其中四種：

① 書
最古老的媒體，也是存活最久的，從羊皮紙到電子書，以平面
印刷媒體來說，書還是最有價值的。將來電子書會淘汰實體書
嗎？我認為這言之過早，至少我還是會繼續買書、看書、送書。
大部分作者會把所知的菁華智慧，經過整理包裝後呈現在書
裡，然後依讀者程度，展開一場空間、時間和心靈交錯的溝通。
一本書能澈底改變一個人的生命，所以以媒體價值來說，一本
好書是無價的。

② 電影
如果說書是「印刷媒體的最佳化」，電影就是「視覺媒體的最
佳化」（比電視、YouTube 都好）。電影對人類的貢獻太大了，
記錄過去，反映現實，引領未來。電影有價值、有意義、有實
質的啟發性，還有深遠的影響力，是人類演進的重要媒體之一。
我不看連續劇，電影兩小時的長度是我可以忍受的上限，所以

P88 圖 資料來源：JoePulizzi。
https://www.slideshare.net/juntajoe/six-steps-to-creating-a-content-brand-a-
content-marketing-formula/32-Pubcon_JoePulizziJEFF_ROHRS_CHANNELS_
SLIDE

我愛看電影，特別是商業大片，花兩個小時看一個完整的故事，比花 20 個小時看 20 集來的有效率多了。

③ 廣播

我原本很小看它，但後來發現其實它們無孔不入，尤其是在開車的時候，廣告的洗腦程度堪稱一絕。廣播媒體代理商一直說他們廣告效果比大家想像中還好，我現在相信了。廣播是我想拋棄它、卻甩不掉，不顯著、卻黏著性很強的一種媒體。再加上 Podcast 大浪蓄勢待發，人人都可以是廣播電台，而且根據統計，會聽 Podcast 或音頻的人，身分地位比較高，等同「含金量」比較高，所以這個「用聽的」媒體不容小覷，很多國外個人品牌都是由 Podcast 發展起來的呢。

④ 網路

毫無疑問，網路是最強的媒體，而且會越來越強。上述媒體可做到的，網路都可以做得到；上述媒體做不到的，網路也可以做到；人類尚未想到的媒體功能，網路在未來也會做得到。網路是宇宙間最偉大的發明之一，它將成為陽光空氣水之後的第四元素，讓媒體超越媒體。

在以前台灣電視只有三台的媒體環境下，費玉清、鳳飛飛、豬

哥亮家喻戶曉，注意力全集中在他們身上，但若把他們放到現代來，很可能只是你不熟的某網紅或 YouTuber。換句話說，千禧世代出生的人，由於媒體太多，想要家喻戶曉，機率低於百萬分之一。

你也許覺得「蔡阿嘎」很紅，「館長」很紅，但事實上台灣還有很大一部分人根本沒聽過他們。這是壞消息，代表我們要走紅的困難度大增，而且越來越難。想想我們已經多久沒看到「下一個周杰倫」了，我認為在這個世界上，肯定有比周杰倫更有才華的人，也許活躍在某個地方、某個平台、某個社群裡，只是我們還沒發現而已。以媒體「去中心化」的速度來說，也許我們永遠不會發現。

雖然壞處是「不會太紅」，但慶幸的是，好處是其實「無需太紅」，只要「夠紅」足矣。「蔡阿嘎」「館長」在他們的社群中都是一方之霸，過著不錯的日子。別說他們，就說我自己，儘管台灣多數人根本不認識我，但生活也還過得去，就算我沒有付出100%「想紅」的努力，工作常常偷懶，幾乎沒有社交活動，還是可以靠「網路」維生——這就是好消息！在這個時代，每個人都可以靠網路維生，你根本不需要大紅大紫，家喻戶曉，就可以賺到足以維生的收入。你設定的目標，甚至不用達標率

100%，就能感受到網路紅利的回饋，只要確保你做的事＝資產的累積。

如果你很會寫作，那部落格平台就很適合你；如果你覺得自己很上相，又對剪輯影片有熱情，那拍影片上傳 YouTube 就適合你；若你覺得自己聲音有磁性，讓人聽了會耳朵懷孕，買支好的麥克風，做一系列的 Podcast 就適合你。每種通路都有人「成功」，我們先以較世俗的定義來說，成功就是賺到一定程度的錢，可以賴以維生的收入，然後因為有收入，就可以拿部分收入「再投資」，讓內容呈現更專業，取得更多觀眾，進入良好的經濟循環。

從 2020 年來看，在這麼多通路中，我認為有幾個是必玩的通路。一是部落格（精準的說是個人網站），二是 Facebook，三是電子報。我們先不要貪多，把這三種通路玩好就好，發展順序也是如此。

① 部落格
它是「核心點」，不管你未來的事業做多大，你的「個人網站」始終是重要的存在，它應該位於中心點，旁邊環繞其他的媒體通路。我認為個人網站正是你在網路世界的存在感，說得誇張

點，你若沒有網站，你在網路世界上是不存在的，誰能保證未來世界會不會全是虛擬世界呢？

② Facebook（FB）

在自己的網站上累積資產，是第一重要的事，但也是許多人認為困難的事。假設是一個很有料的人，可能會問，為何不發文在 FB 上就好，這樣比較多人看到啊？

沒錯，也許放在 FB 上比放在部落格上能讓更多人看到，但其實想一想，這兩點並不矛盾啊，我認為最好的作法是先刊登在部落格上，然後再放連結或簡短敘述在 FB 上，做連結連回網站。雖然 FB 不喜歡我們這樣「導流量」，會刻意把同個網域的貼文觸擊率變低，但以前我們沒有 FB 的時候，流量都怎麼來？——到處去貼文啊、鼓勵大家「加入最愛」每天回來、RSS 訂閱、發電子報內嵌連結、交換連結、發簡訊等，當然還有從搜尋引擎（SEO）來的流量，我自認這些方法都是沒變的，還是可以做，FB 只是多一個管道讓我們能增加流量。只要這個管道的貢獻大於零，而且成本不高，它就是好事，但優先順序不要被影響：依舊是部落格第一、FB 第二。

③ 電子報

許多國外的大師都說，你擁有的 Email 訂閱數是最重要的收入指標，我也同意這觀點，因為任何事業都需要擁有忠實的客戶，而「忠實」需要長時間的關係維繫，關係維繫表示你必須能夠輕易的接觸他們，初一十五問候一下，讓他們習慣「你在身邊」的感覺。我們現在說的是會員的「掌控性」，但 FB 粉絲是沒有掌控性的，你連他們的 Email 都沒有，你是被動的，這還怎麼做生意呢？

有了會員的 Email，然後長期餵養他們好的內容，多多少少會生成「忠誠度」，所以發行電子報以及如何取得讀者的 Email，也是一件急迫且重要的事。

「個人網站」「Facebook」「Email 訂閱數」這三件事，是第一階段我們要專心做好的事。何謂「做好」？我建議的目標為：

- 個人網站（部落格）：每日不重複人數 1,000 人
- Facebook：1,000 個好友
- Email：1,000 位訂閱者

1,000 是個魔術數字，你說再多話、內容再棒、表現再好，小

於這個數字都沒啥意義，代表其實都沒有人看到——這並不表示，若大於 1,000 就會有人看到喔，它只表示這個「基數」會產生影響力，它才有可能「爆開」。所以想簡單一點，1,000 是你的個人事業起點，小於這個數字，我只會稱為「前置作業」罷了。但你可知道，光是這個「前置作業」所要做的事就夠嗆的了，而且要花的時間，聽了別哭，平均是 18 ～ 24 個月⋯⋯

擦乾眼淚後，我還是有好消息要公布。我們談論的是「十年」的計畫，就算你資質駑鈍兩年才成，還是只占五分之一的時間，爾後的大部分時間還是比較輕鬆。趁我們還年輕，先做困難的事，老了以後才會比較快活，這道理很簡單啊！

企業及一人公司事業關係圖

運用個人品牌
打造一人公司

1

個人品牌事業的
客戶價值旅程

客戶價值旅程的八大階段

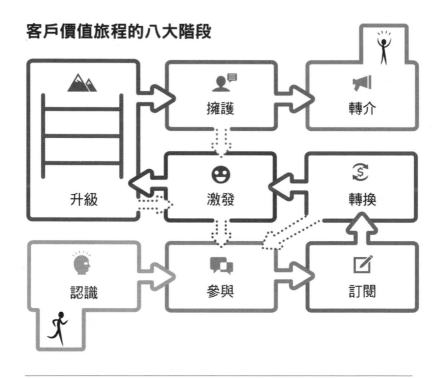

資料來源：Digital Marketer。
https://www.digitalmarketer.com/blog/customer-value-journey/

在行銷學上，「客戶價值旅程」（Customer Value Journey）是很常見的「框架」（framework）。框架之所以好用，是因為可以有個範本，將你的產品套進去，就會出現清楚的營運方向。個人品牌事業當然也可以用，這裡先走一趟客戶旅程，讓你清楚知道每個階段的目的和挑戰。

① 聽過你（awareness）

最多個人品牌的問題，是大家根本不知道你這個人（或你的產品）的存在！試問自己，陌生人或產品是如何出現在我們眼前的？可能是在 FB 上看到，可能是我去搜尋某個關鍵字，可能是我亂逛網站的時候看到，可能是某個人跟我說過，也可能是我去參加活動後認識。知道這些「增加能見度」的管道，我們就可以針對性的一一去計劃，嘗試在我們預設的 TA（Target Audience，目標對象）眼前露出自己。所以可以怎麼做？

管道	作法
FB 上看到	增加 FB 好友，在 FB 上貼言之有物、能被分享的文章，或者投放 FB 廣告
搜尋到某個關鍵字	寫部落格，標題和內文涵蓋重點關鍵字
亂逛網站	在 TA 常出沒的網站參與互動、留言、放上你的大頭貼和連結，或者和別人交換連結
某個人跟我說過	請你的朋友推薦你，在他們的媒體上（FB、文章、電子報等）提及你
參加活動	多去實體活動，多受邀演講

② 參與（engagement）

網友聽過你，不代表他們會喜歡你、關心你、信任你，你們之間的感情尚未開始，所以第二階段的重點就是讓他們和你有互動，讓他們參與你的世界，兩個主要方式是「內容」和「社群」。第一，你要給他們切身的有價內容，例如「如何煎好一條魚」「如何訓練二頭肌」「如何撰寫履歷表」等，然後跟他們說，若看完還有問題，歡迎聯絡我，也許某些人就會開始跟你有互動。當這樣的人一多，他們可以互相討論，彼此問答，慢慢就形成一個社群。

一開始，先下苦功，去做那些無法自動化、規模化的事，例如針對某個網友的問題來回答，一個一個粉絲來經營，為他們量身訂做內容也可以，反正到了最後，這些內容都可以重複利用，屆時你付出較少，但得到更多（就是 Work Less, Make More）。

③ 訂閱（subscribe）

人們來來去去，就算他們認識你、跟你互動也不代表什麼，他們也跟很多人這樣做。所以你得確保未來能夠聯繫到他，要嘗試讓他們給你聯繫方式，其中最不具侵略性的就是 Email。通常我們會用「價值交換」的方式來做，例如給他免費七天的煎

魚課程，但不跟他收錢，只要聯繫方式和聯繫許可就好。有些網友在這一步就會退縮，他們連 Email 都不想給你，他們只想要「躲在暗處」免費占便宜；這也好，至少你會知道誰願意訂閱，有可能成為你的客戶。那些連訂閱都不想的人，永遠不會是你的客戶，你可以省下時間和力氣，直接放生。

④ 轉換（convert）

有異性認識你，跟你互動，然後加了你的 LINE（即為以上客戶價值旅程的三個階段）接下來就是重要的一步，她願意跟你＿＿＿（請自行填空）！「轉換」是在整個旅程中最重要的一步，它代表的是關係的昇華。以商業來說，從潛在客戶轉變成正式的客戶，從「未購買」到「已購買」，這是滿難的一步，因為有些人就算喜歡你、愛你，甚至崇拜你好了，要他花錢在你身上？門都沒有！我一直不同意「粉絲＝客戶」這個觀點，因為兩者其實很獨立。我有粉絲看了我十幾年，到現在也沒買書或來上課，他們或許認為知識就是免費的吧？另外一面，客戶也不一定是你粉絲，客戶可能不愛你，甚至不喜歡你這個人，但他需要你賣的東西，於是他**對事不對人**的掏錢。

一旦發生轉換，也就是第一次成交，後續的成交就會變得較容易，加上很多公司是把「客戶數」當作一項重要的 KPI，所以

會努力衝客戶數，因此，會發生那種「賣一個、賠一個」的商業情形發生，看似反商業邏輯的行為，其實是挖掘客戶終生價值的長遠策略，由此可見，大家不惜成本的要轉換，消費者旅程才能繼續走下去。

促使轉換的方法有很多，可能是「超值商品」——一個超低價換取高價值的商品（賠錢賣）；或是「結緣商品」，例如三百元來參加站長網聚，表面上隨便收，大家來交個朋友，實際上是誘使客人付錢，第一次向你消費，之後轉換為客戶，因為通常「有一就有二」，先讓他們習慣付你錢。這階段的重點是「低價」，因為你們的信任關係才剛開始，一下子要他買高價品，客人會被嚇到。

⑤ 讓他們興奮（excite）

我們每天都在買東西，但買來之後實際上覺得興奮的少之又少，也就是說，商品帶給人的體驗是新奇特別，還是平凡無奇，將決定這位客戶是否會繼續**走下去**。我要自打嘴巴推翻上述的「有一就有二」，事實上不一定，唯有客戶的第一次購買經驗很美好，心中覺得超值，或是有發出 WOW 的「亮燈感」，才有機會產生持續性的購買。怎麼刺激興奮感？首先是商品本身的價值，再來是「交易後」你能做些什麼，讓他們覺得你不是

「售後不理」，也許是提供詳細使用說明，延長保固、線上客服，或其他附加的好處，讓他們有很棒的購買經驗，錢花得很值得。慢慢的，他們越來越信任你──恭喜你，你就進入下一關。

⑥　上升（ascend）

什麼叫上升？就是讓他們買更多、買更快、買更貴！很可能你到這階段都還沒有賺到錢，因為你投入時間、金錢、心力在培養忠誠的粉絲。那請問什麼時候賺錢呢？沒錯，就是現在！客戶旅程走到此，應該已經對你有足夠的信任，請把你的主力商品、核心商品、高利潤商品，或能賣的都拿出來賣，這是你賺錢的時刻。就像麥當勞漢堡利潤低，但搭配套餐的可樂和薯條利潤高（可以買更貴），然後再加 49 元買一個兒童餐玩具（可以買更多），然後再儲值 500 元到點點卡，以後再來用（可以買更快）。

客戶的終身價值本身就是「旅程中的旅程」，只要你把銷售漏斗設計好，每一層該賣什麼商品，讓他們有個「樓梯」往上爬，他們買越多，對你的忠誠就越高，下次你賣新品時，就會有一批「基本客戶」。

我認識一位部落客，每次開團都被秒殺，有次有個網友對她說「請不要如此頻繁的開團」，部落客以為粉絲嫌她太商業化，後來問原因，才知道並不是，而是「她每團都跟，都沒錢了」，後來這位部落客學到經驗，每次開團都集中在發薪日左右，粉絲手頭上比較有錢花，到了月底就不開團，慢慢掌握到粉絲的「花錢節奏」，做個貼心的好團媽。

⑦ 擁護者（advocate）

這些人已經信任並喜愛你的品牌，他們或許不會主動去推廣，但若有人問他們意見，他們會講你的好話。如何讓客戶變成擁護者呢？請他們做意見回饋，給他們一點點誘因去寫下心得，或提供他們的見證，若他們願意這麼做，就表示他對你是真愛。看看每回蘋果的發表會一結束，有多少人會寫下心得或評論，就知道這件事是可以被操作的，它仍屬於客戶旅程的一部分。對個人品牌相關事業來說，擁護者像是鐵粉，他們願意聽你說話，不反對你賣東西給他們（雖然不一定買）；當你要求他廣告，他不會覺得做這件事很丟臉（最好是很樂意、很榮幸），這就表示你已經成功把他變成擁護者了。

⑧ 推廣者（promote）

不同於擁護者，推廣者會主動去宣傳，也許是發自內心的愛

你，也許是你給他誘因這麼做，總之，這些人是你的業務部隊，在外面幫你增加品牌曝光及聲量，讓陌生人也進入這個客戶旅程。許多公司會推出**聯盟行銷**或**轉介**機制（affiliate ／ referralprogram），讓他們的客戶能夠和公司「一起成長，一起賺錢」，設計良好的轉介機制是公司和客戶的雙贏，矽谷新創公司幾乎全都這樣做，才能快速打開知名度。

不要讓那些沒用過你產品，或不是真正喜歡你的人加入你的聯盟行銷，如果他們不熟悉你的產品，只是為了錢去推廣，那不會有好的效果。請讓那些真正走過這旅程的人去做推廣者，並幫助他們能便利進行，比如說幫他們做好廣告素材，給他們透明好用的管理後台，每兩週快速撥款等。像夥伴一樣的對待他們，聽他們的意見回饋，來持續優化這段關係。

以上是一個常見的客戶價值旅程，每一階段要如何移動都是大學問，其中一定會牽涉到「內容行銷」、「Email 行銷」、「SEO」、「廣告投放」等。知道這八個階段後，你要如何規劃一個客戶旅程呢？你要如何移動他們呢？值得好好思考一番。

2
個人品牌變現的
三個起點

假如你現在還是上班族，有心想要開始成立個人品牌，創造第二份收入，本篇將提供三個起點，讓你有路可循。順利的話，就能一步一步的邁向新世界囉。

① 最低的水果

第一，我認為是演講收入。每天、每個地方、每個產業都有人想求進步，如果你在某產業中小有名氣，你會有很多機會受邀演講，而你也應該去。一開始並不是為了錢，也不一定是為了建立個人品牌（但心中要有這番盤算），而是為了行銷你公司的產品或服務，別說你想賺錢，你自掏腰包都應該去。演講本身就是一種免費的廣告，幫你有效的招商。殊不見很多公司辦記者會、辦免費講座、辦研討會等，都是為了企業品牌的行銷。當你有機會受邀演講，你既可以幫公司行銷，又可以幫自己行銷，又可以**安全的練習**演說技巧，還有微薄的酬勞可以拿。這麼好康的事，要多多益善啊！

只要你本業的公司不反對，就可以開始拓展這條收入線。既然有人想聽你的分享，還願意花錢來聽（有些講座主辦單位是會收費的），那何不將它做大一點？怎麼做大？很簡單，就跟每一場的來賓說：「因為時間的關係，今天的分享內容有限，若貴公司需要更深入的解說，或客製化的內容，歡迎課後保持聯絡，以下是我的聯繫方式。」每一場你上台，都等於播下未來場次的種子，只要你記得**自我宣傳**一下，不要連你的聯繫方式都不給，那其實並不會對公司好，更不會對你自己的品牌好。

這些**種子**撒下去，有些一定會在未來開花。如果演說內容十分精彩，對來賓有實質的幫助，那你就順勢累積了一些聽眾。如果你運氣好，台下會有些老闆或有權勢的人，對你印象深刻，課後就有機會展開對談，跟你有商業上或私底下的合作。如果你此時的身分還是上班族，你應該以公司身分合作；如果你已經離職、自行創業，那這些合作機會都可能會是你創業後的第一波收入。

② 另一棵果樹
當「最低的水果」摘完之後，你有兩個選擇。第一個，拿梯子來，**繼續摘更上面的水果**，意指在講師這領域深耕，直到你可以藉由**公開招生**或**企業內訓**來維生。

第二個選擇，是去另一棵果樹，摘那棵樹的最低水果。我個人的建議是諮詢和顧問的收入。因為你已在職場上打滾多年，累積相當豐富的產業經驗，其中也不時會有人請教你，可能是同事、屬下、或是客戶，又或者是朋友，包括 FB 上**弱連結**的網友等。事實上，當你在產業的**高度**越來越高，來詢問的人就會越來越多，這都還只是在你的個人品牌**正常發揮**之下喔，如果你有寫部落格，或在社交媒體上很活躍，擁有很多追隨者，光是回答問題，你可能就得花上好一段時間。

我建議的作法是，把你聽過最多人問的問題列出來，然後寫成文章公開發表。第一，你不必一直重複回答，節省你的時間。第二，練習用不同方式回答，鍛鍊你的表達方式。第三，寫下來的文章將是你的數位資產，如果你一直用說的，除非把它變成 Podcast，否則都不會是什麼資產。第四，最重要的，你將開始累積**觀眾**，這些觀眾將會是你未來將個人品牌轉成事業的重要基石！

通常，當我們在職場上「做人成功」，你經營的應該是「個人對個人」的關係，而非「個人對公司」。前者的意思是就算你離開公司，你和客戶之間的關係還是很好，他們也應該會跟你保持聯絡，你很可能會跳槽到別家公司，然後跟他們再度開啟

新合作。我不說業界潛規則，也不想涉及職場倫理，總之，你不該離開公司、沒了公司光環，就沒人喜歡沒人理了。當你成了自由之身，很多曾經幫助過的客戶，都有可能需要你的產業經驗或能力，此時你就可以擔任他們的單次諮詢或顧問服務。記住，不要常常「免費聊聊」，當你成為自由創業家，你的時間非常寶貴（比當上班族時還寶貴），初期一次、兩次的「免費體驗」「免費顧問試用」是 OK 的，可以當成行銷成本，但絕對不能免費長時間提供諮詢（非常好的朋友除外），那只會浪費掉你的時間，而且顯得你的專業很廉價。

以我來說，當我離開百萬年薪的職位後，半年內接了四家的顧問工作，每家給我 3 ～ 5 萬，剛好打平我當上班族的收入。我的顧問契約是每半年簽一次，每週跟客戶開會 2 ～ 3 小時，提供營運上的行銷策略，解決他們的某些問題，以及訓練他們內部的員工。半年合約到期，我都沒再續約，並不是因為客戶不續，而是我決定不續，因為我發現「當顧問」很辛苦，並不等於自己的事業，是在為別人作嫁。但我之所以脫離職場，不就是要創立自己的事業嗎？

從總經理到一人創業家，我初期的收入銜接是「公開班課程＋顧問費」的組合，整體來說並沒有比當上班族來得高薪，而且

最煩惱的是很不穩定。不過，至少這兩個起點，讓我不致於每天吃土，基本上，我們家還是維持一樣的生活水平。在此要感謝那段時間上過我課程的學員，以及相信我專業的客戶。對於一個中年高階主管的生涯轉換來說，他們幫助我度過一波亂流。

創業的頭兩年，我每天更新部落格，雖然現在回頭看，很多篇都為了寫而寫（為了 SEO 流量），但由於「自己的事業」才是我的重心和未來，所以除了部落格，我勤奮的玩 Facebook，主動去加朋友……的朋友……的朋友，也就是不認識的人。我心想，每一個 Facebook 好友都是潛在客戶，只要我的內容夠好，他們就會開始關注我。Google 和 Facebook 是網友使用的兩大工具，也就是兩個最大的聚集地，所以我**雙管齊下**，Google 的 SEO 靠內容引流是被動、長期的策略，而 Facebook 則是主動、短期的策略。當一個人有料，想要建立個人品牌的話，兩者需均衡發展，缺一不可。

③ 揪團購

利用個人品牌最容易變現的第三個起點，是網站廣告？業配文？辦活動？——都不是，我覺得是「揪團購」。

上面說了，部落格內容要累積夠多、夠久，才會開始產生流量，你才會有廣告收入，但如果你的 FB 有超過一千名好友，其實更快的變現方式是團購，就是你當團購主來揪團，然後想要的人留言＋1，你再賺取中間價差即可。當然，很多團購主都是佛心在做，自己不賺中間的價差，這點其實跟顧問很像，一、兩次不賺錢 OK，但不可能永遠不賺錢。如果你認真的想變現，有賺到錢，才能把服務變得更好，這工作才能持續下去。電商在台灣已經非常成熟，經濟規模已達兆元，也就是說大家早已習慣在網路上買東西，沒有太多觀念上或技術上的門檻，唯一的門檻是「信任」，但他們認識你，知道你跑不掉，所以連這點問題也解決了。唯一的挑戰就是「找到好商品」，只要你團購的是好商品，光是靠你 FB 上的朋友，都可以一波一波的賺。

我有個朋友叫楊宇帆，又名「鳳梨王子」的鳳梨農，你可以上他的個人 FB 帳號看，每年他會販賣自家出品的鳳梨乾，鮮美好吃，每年賣光光，人家也沒有勤寫部落格，甚至連粉絲團都沒有，就只有在 FB 的個人帳號上賣，也是一堆人等著團購。他的好友數不多，但是，有超過三萬人追蹤！（記得把你的追蹤功能打開）。為什麼他會有這麼多人追蹤呢？因為他把他的生活全公開在 FB 上，真實不做作又搞笑的個性，讓很多人關注，而順理成章的販賣自家商品。

當你有了觀眾，你等於有了「叫賣權」，你不需要真的變成很老練、很油條的業務員，只要真實的去分享自己所用過的好物，跟廠商談談看能否幫忙揪團，就可能有立即收入。很多賣家並不排斥讓你試試看，誰會嫌生意多呢？從實體商品（鳳梨乾）、實體服務（形象照），再到虛擬商品（線上課程）和服務（網路架站），所有網友會花錢的地方，都可以是你的揪團機會。

我再舉兩個自身的例子。第一，我上過一個財務老師的實體課程，自己覺得非常棒，全台灣人都應該要上的那種棒，於是我幫他在台中揪團，然後談好佣金比例，就這樣讓我賺了好幾波。第二，每個人都需要有專業的形象照（個人品牌很重要的一部分），於是我找上了數一數二的攝影師，是幫周杰倫、楊丞琳藝人拍照等級的大師，我幫他揪了一團拍照，服務我的部落客學生及朋友，這樣的揪團訊息也只有在我的個人 FB 上公告，讓我賺進一點零用錢。總之，揪團的原則就是你自己用過、喜歡，然後知道你的朋友也需要、也會喜歡，便可大方的來揪團。他們原本就有需要，透過你的團可以有點折扣，這是一種三贏的關係，何樂而不為呢？

以上是我認為個人品牌變現的三個起點，都算是「很低的水果」，你隨手可以摘到，但前提是什麼？是你真的有料，做人

成功，擁有一群信任你的觀眾。若你覺得以上的變現方式很難，
那就請再回頭想想，自己是否已經具備了這三個前提？如果還
沒有，請繼續努力！

3

流量變現、內容變現、
專業變現、品牌變現

從網路起家的個人品牌事業可以分成四個階段來經營，由簡單
到困難分別是：

流量變現

我們努力把一個網站流量耕耘起來，並且申請聯播網廣告，例
如 Google Adsense，將廣告代碼放在網站上，就會出現廣告。
當網站有流量，這些廣告就會被看見；瀏覽數越多，廣告被看
到越多次，你的廣告收入就越多。這裡的學問是，廣告要怎麼
放、放多少，在什麼位置放什麼形式的廣告效果越好？如果你
追求流量的變現，我們該做的是盡力衝高流量，包括更新頻繁，
也許一天 3 ～ 5 篇文章或新聞，做好 SEO，讓搜尋流量也進來。
另一方面，廣告位置的擺放可以持續優化，可以自己試錯（trial
and error），或是交給專業的團隊來代理，很多部落客光靠流

量變現，年收就可以破百萬。如果你是中小型內容網站、內容農場、或是心理測驗類網站，光靠聯播網廣告的收入也可以很不錯。但由於流量競爭激烈，也是一項耗時的累積過程，從零開始到年收百萬是一段滿辛苦的路，只能硬著頭皮走，沒什麼取巧的捷徑（其實是有，但怕被 Google 抓到而停權）。

內容變現

內容本身就可以賺錢，第一是有人買你的文章，你授權給他們，一篇數千元不等，這樣的文章跟流量無關，單純就是一個商品，你的產出賣給有需要的人。第二種是業配文，收入數千到數萬不等。第三種是生產幫助你的商品銷售的內容，像電商的廣告文案，商品介紹頁上的多數創作都是為了促使消費者下單，內容本身會**生火**，讓看到的人想跟你買東西（這些東西不一定是你擁有的，也可以是參加聯盟行銷幫別人賣東西，你再分紅）。

如果一個網站賣自己的東西，再利用創作來勸敗，我認為都算是內容變現，因為這些內容都有可能會轉換成訂單。部落客當然可以是電商，除了賣實體商品，我們更適合賣「數位商品」，例如電子書、線上課程、VIP 會員訂閱服務等。此時，我們所

撰寫的內容方向就要調整，從「衝流量」到「刺激銷售」，而在那之前，我們最好先設定 TA（目標對象），知道要賣給誰，才知道文案該怎麼寫。

專業變現

有沒有可能我不頻繁更新部落格，也不想在網站上賣數位商品，但我還是想利用網路賺錢，販賣我的專業？例如我是潛水教練，我想讓更多人知道我的服務，該怎麼做？

有個行銷案例是這樣的：假設你是一位鏟雪達人，想幫鄰居鏟雪賺外快。第一種方法，你拿著一把鏟子站在路上，背一個三明治廣告看板，上面寫著「十元鏟雪」，然後看有沒有路人經過、好奇。第二種方法，你挨家挨戶敲門找客戶。第三種方法，你看天氣預報明天會下雪，於是你前一晚去客戶家敲門，跟他們預約鏟雪。第四種方法，你收集他們的 Email，然後在下雪前夕寫 Email 問他們。

上述告訴我們：

- 應該將「專業」主動推到客戶前，讓他們知道
- 收集 Email 很重要
- 成立你的網站，並把這個網站做好。在網站上放一個「名單收集器」，給他們免費的《潛水新手必知十件事》電子書來交換，當然，若你喜歡用 FB ／ LINE 也可以

品牌變現

除了以上三種，品牌變現的可能性更是無限，包括舉辦實體活動、聯名活動、販賣品牌周邊商品、企業顧問、出實體書、擔任評審或特別來賓等，都是可以營利的方向。有了品牌，等於你容易被「優先指名」，在業界是指標性代表，到了此時，「錢」會自動上門。有了品牌，賺錢機會也會比較持久，定價也可以比較高，也因此利潤更高，可行銷預算更多，貴人越多——產生**雪球效應**，大者恆大。

以上四種「變現方法」都有人實作，也沒有哪個一定比另一個好。假設你不喜歡露臉，那就默默耕耘網站流量，打造個人網站的品牌即可；假設你願意露臉，就多親近觀眾，展現真實的自己，可以贏得更多信任，幫助個人品牌的建立；假如你沒時

間（或不擅長）寫作，但有某項專業想賣，你還是必須收集客戶名單，才能確保客源的鞏固。如果都沒有這些顧慮，你喜歡創作、願意露臉、擁有專業、喜歡嘗試多元的收入管道，那我建議你把眼光放遠，直接攻頂，去挑戰品牌變現。因為唯有將自己放在最高戰略位置，才能看清並跟上世界的脈動。

對大多數部落客或想從事網站創作的人來說，都是從①開始，努力做出好作品，占領關鍵字，質和量一起衝，去取悅讀者和搜尋引擎，嘗試**流量變現**。他們很少會買廣告來衝流量，主要靠自然流量來慢慢累積，但走到一定規模時，他們必須做出抉擇，是否要請小編來維持同樣的收入。但這裡的風險是 Google 和 Facebook 的運算法會變，花錢請人創作內容，維持一定的產能，很可能只維持一定或小幅的收入成長，以投資報酬率來說，必須拿捏得十分精準，才能步步高升。加上如果沒有多餘的預算去投放廣告，網站成長速度比較慢，使得流量變現變成一條滿辛苦的路。除非此人對創作十分熱情，可以大量且穩定產出優質內容，才能突破前兩年的黑暗期，步上有付出有收穫的健康軌道。

為了確保這條路是條商業大道，在流量變現的基礎上，我們力求**內容變現**，但當你把「賣商品」的概念加進來，很可能創作

的方向得重新思考。此時你必須想你要賣什麼東西，誰會買，然後寫出適當的文案。從流量變現到內容變現的初步轉換就是**帶團購的廣告文**，你寫的東西關係到團購的成績，像是情境文案、使用者見證、產品功效、競品比較等內容才會有效。當然，還有你長久以來所建立起的信任，會成為銷售的關鍵因素。

內容變現的另一大好處，就是可以投放廣告加速網站的成長。你賣東西，有立即可見的營收，可以拿營收的某個比例去投廣告，來槓桿製造出更多的營收。如果一切順利，投報率是正值，你的現金流就會快速增加，此時又可以請員工來處理銷售，形成一個良好的生意系統，賺更多錢，同時提升網站價值。

再來，你一開始雖然是賣別人的東西，但為了增加利潤，可以慢慢變成賣自己的東西，而利潤空間最大的商品還是數位商品，無商品庫存問題，無需物流包裝，無需龐大的客服成本，例如販賣自己的電子書或線上課程，就是從內容變現進階到**專業變現**的轉換。當然，前提是你要有專業啊！如果沒有某項專業，憑什麼收費教別人？

吃喝玩樂是不是專業？我認為**一半一半**，它可以當成「副專業」，但當「主專業」有點太平凡，門檻低，所以競爭就大；

競爭大，就表示收費不可能太高；收費不高，那利潤就不高，違反了專業變現的目的。

有沒有可能就架一個網站，上面寫著你的手機號碼，有需要預約潛水課程的可以直接打給你？——其實這就是公司的形象網站，但我前面說了，你最好還是收集網友的 Email，這樣才能算得上是**網路行銷**。而且你不覺得，你已經千方百計把人帶到網站來了，沒做點什麼 online work 很浪費嗎？如果你給他們下載一本免費的《第一次潛水就上手》電子書，在裡面置入你的聯絡方式，這樣的轉換率才會更高啊！

最後是**品牌變現**。簡單來說，就是要可以「渾身是案」「處處是機會」。我們舉林志玲當例子好了。假設廠商跟林志玲談好可以「請她」幫忙，當然會付她一筆錢，那我們該如何「用她」呢？可能是代言，可能是肖像授權，也可能是我出專輯，請她跟我合唱一首歌。不管用法是什麼，這場合作之所以能變現，是因為她的個人品牌太強，辨識度、信任感、友好度都很高。所以只要我們也能發展出正面鮮明的個人品牌，我們會如何被廠商**利用**，就是我們如何變現個人品牌的關鍵。我們要做的只有一直保持良好的形象，持續加深大眾對我們品牌的認知，將我們原本做的事做得更好，名和利就會出現在我們的信箱裡了

品牌變現，讓撲克牌變鈔票

阿薩德・喬杜里 Asad Chaudry（52Kards）
個人網站：https://52kards.com/

魔術師、YouTuber 創業家，在矽谷當電機工程師期間，因緣際會開始兼職自己的副業，成立一個 YouTube 頻道教人撲克牌魔術的手法。他從來不是專業的魔術師，只是追逐從小就有熱情的興趣。YouTube 上聚集越來越多觀眾後，他開始推出收費課程，還自創撲克牌品牌「mint」，在自己的官網上販賣。每次他推出新品，都會去 Kickstarter 網站上募資，都獲得比預期還成功的結果。最後他毅然辭去工作，全職創造更多內容，成立自己的公司，並發展出一番魔術及撲克牌相關事業。他自認這是人生最好的決定，雖然他爸媽仍然不時問他：「何時才要回去上班？」

阿薩德的網站品牌 52kards 成立於 2011 年，從同名的 YouTube 頻道開始經營，提供近三百部免費教學影片，提供給想當魔術師的人全面的線上學習資源，目前訂閱人數已高達 112 萬。阿薩德認為學習魔術是一個非常有益的過程，會帶給你許多驚奇、有趣的時刻，並容易與他人產生聯繫。雖然 YouTube 上很多魔術相關的頻道內容，但他認為內容品質都很差，這是一個痛點，所以盡可能去填補。

阿薩德從未真正想成為一名專業魔術師——上舞台表演的那種，
也許是他工程師的內向個性使然，比較喜歡自我研究以及理論上
的實踐。但他還是成功了，誰說魔術師都是戴高帽，舉止浮誇華
麗的那種？他身為一名 YouTuber，也觀看大量並訂閱一大堆不
同類型的創作者頻道，包括科技評論、遊戲、美食等，給他不同
的想法和啟發，或可參考的商業模式。他是一名結合熱情、毅力、
美學、和教育性的創業家，非常值得我們學習。

4
流量與信任，孰輕孰重？

回到流量的問題上。有朋友問我，發展個人品牌是不是只要寫出好內容，把一個網站的流量做起來，就能創造收入了？如果你也這麼想，那就搞錯了努力的方向。我的答案是：**個人品牌不是靠「流量」，是靠「信任」在賺錢**。而且所有的品牌都是。

在發展初期，「流量」和「信任」會重疊，就像是兩台火車共駛一段鐵軌之後才分開，但我們身為駕駛，必須清楚並堅定的駛向「信任」這一條，而非另外一條。當我們心中的目的地不一樣，過程和結果就會不一樣。在個人品牌的事業上，「信任」的培養比「流量」的培養來得重要多了，也許一開始看不出來，「流量火車」跑得比較前面，轟隆隆的叫，比較顯而易見，但「信任火車」則緊緊跟在後，雖然難被覺察，比較隱性，卻比較重要。

當我們網站的流量做起來，我們可以看到各項數據，不只你會看到，網友也會看到，廠商也會看到，所以你的機會開始變多，

你會覺得自己紅起來了，開始有品牌了，然後就認為達成「個人品牌變現」的境界了。這樣的過程我不能說錯，但我會說**不完全正確**，你之所以能「變現」，可能只是流量變現，並不是個人「品牌」變現。

要知道兩者的差別，最簡單測試的方法就是直接賣東西給讀者。如果效果不錯，轉換率高，那就不完全是流量變現；如果賣不動，那可能僅是流量變現。當然中間還有若干因素，但我們必須堅持「信任」這個方向，千萬不要因為衝流量而走偏。

再更深入比較兩者。若你走在流量這條軌道上，那你追求的就是無止盡的內容創造，用量取勝，無需跟讀者建立什麼關係，他們也不會想跟你建立什麼關係（你會想跟新聞網站建立什麼關係嗎？）。為了流量，你必須衝量、求廣，所以就算某天你賣東西，可能也會被迫採取低價、薄利多銷的模式，因為你的內容多而廣，每則內容的價值可能就不高，連帶的你會養出一群「重量不重質」、「求廣不求深」、「無視品牌、價格導向」的潛在客戶。因為你的品牌定位正是如此，你這班列車上乘載的正是這樣的客人。

另一方面，如果你走在信任這條路上，你追求的是客戶關係的

深化，最深入的方式是一對一行銷。用極端的例子來說明，每天你花一小時，幫一位讀者免費諮詢，一年下來也才面對 365 位粉絲，扣掉那些過河拆橋的人，算 300 位粉絲好了，你需要花上三年多的時間，才能達成「1,000 名鐵粉」的里程碑。聽起來很慢、很傻，但一旦建立起來，你的信任資產將十分龐大，也許 30 年都花不完。當你開始賣東西，他們是因為你而買，對價格的敏感度較低（除非是大眾消費品），也因此你有機會獲取較大的利潤，這都要歸功於你的品牌價值。對我而言，品牌的價值，就是定價（能被市場接受）的能力。

很多「網路大大」的網站是沒什麼流量的，甚至連網站都沒有（但這就不及格了）。然而，他們藉由別的管道累積信任財，一樣可以在需要的時候變現。另一方面，許多部落客仍在辛苦的衝流量，一心只想賺流量財——當然啦，兩種財並不衝突，都有最好，但重點是要加強粉絲對你的信任感，會比你默默的耕耘流量事半功倍，而且長長遠遠。因為流量來得快、去得快；信任來得慢，消耗得也慢（只要你不出大包）。個人品牌是一場持久戰，我們賣的是信任，不是流量。流量可以一夕暴衝，但信任無法，所以如果你問我「個人品牌要多久才能變現」，我才會說至少兩年，但三年以上也不意外。「衝流量」可以加速這個過程，但並不保證效果。

那要如何增加信任感呢？第一，要露臉，看你長得是圓是方，能加深讀者信任。第二，要成為某領域專家，擁有權威性會讓大家傾聽你的發言。第三，要無私的幫助別人，至少在頭幾年。因為說實在的，沒人對你有興趣，也沒人真的在乎你，每個人都只在乎自己。讀者之所以看你，是因為你可以解決他們的問題，讓他們變好，這是他們唯一在乎的。第四，要有立場，甚至挺藍挺綠都 OK，這倒不是在搞切割、精算市場規模，只是在證明你「做自己」，是一個**真實**的人。第五，要有一群「信任度高」的好友，有句話說「我們是五個身邊朋友的平均數」（You're the average of the five people you spend the most time with.），如果你常和聲譽好的人在一起，那別人自然會把你**族群化**到「可以信任的人」，像是一條取得信任的捷徑，但你也知道，詐騙分子最愛用這一招──沽名釣譽和知名人士合照，所以你還是得小心，不要給人那樣的印象。

創作優質的內容，當然是提升「流量」和「信任」的最大公約數，但我們要謹記「取得信任」才是指引方向的路標。所以我們要走入人群，跟他們建立關係，不僅是在內容上跟他們有連結，在情感上也要有。有很多方法可以操作流量，信任雖然也可以，但重點是要付出真心比較好。所以，在個人品牌變現之路上要有耐心，贏得信任是急不得的喔。

5
如何研發可變現的
數位資產

越多越好的課程

當我們說在網路上創作，所有的內容都是你的「資產」，但這些資產該如何實際上變成立即收入，其中一個方法就是將之包裝成一門「課程」。上大學要付學費，去救國團學才藝要付學費，線上課程當然要付學費，也就是說，「付學費」大家習以為常，無需再花精力和時間去教育消費者。我們要順勢而為，把知識設計成一門課程，然後販賣出去。

一門課程最短從一小時開始，最長可達 50 小時；如果是語言類的，則可以長長久久，無限期的一直教下去。以實體課程來說，我們先抓最常見的兩種，一種是三小時（半天，一個時段），一種是七小時（全天，兩個時段）。

首先，你的專業知識必須擁有撐起三小時的內容量，如果不夠，請繼續累積，把你的知識編排、分段、有順序的做成簡報，一份三小時的簡報，至少要有 50～100 張，再視個人風格，特別重視口說部分或特別重視簡報呈現來調整。我建議要慢慢拿捏出最佳平衡點，這要靠經驗值和大量練習。

實體課程和線上課程的學習情境不同。實體課程必須互動，也要讓學生思考、討論、隨堂練習，所以簡報可以少一點，重點可以請他們抄下來。線上課程就較難互動，重點必須清楚呈現，口說的部分在於補充、說明案例等，不管你從哪端開始，都可以方便轉換。也建議大家要線上、線下通吃，最大化你的知識變現。

實體課程因為有互動性，功力夠不夠深厚一看就知道了，你的學說或知識領域必須深入再深入，當老師的，怎可比學生還膚淺？學生中可能藏有厲害人物，或是具有影響力的意見領袖，他們付費來上課，若沒有得到滿意的成效，很可能會影響你未來的招生。我再把話說得極端點，實體講師只有「**一次機會**」，若是隨便亂來、搞砸了，一次就黑掉，可能再也無法順利開課，所以一定要準備好再上。

但我們如何知道自己是否準備好了？很簡單，你需要先模擬、練習上課，然後從學員的意見反饋、眼神、課堂參與度或課後的學習成效來確認。最佳的模擬練習就是辦實體網聚，然後給他們上課，很多人喜歡辦讀書會，或是導讀主持人，其實是在練習上課，想像來賓付了五百元參加讀書會，看你分享專業三小時，華麗的簡報、生動的演說，散場後感覺頭腦被啟發，知識被大大滿足，他們會給你好的回饋。慢慢的，你就知道自己「準備好了」！

線上課程通常不是直播，允許失誤，也可以事後彌補，利用剪輯來呈現出最佳結果。假設你開一堂課，叫做如何「完成魔術方塊的六面」，你可能不是那麼厲害，要花上十小時才完成，但沒關係，你可以利用剪輯的方式，讓大家跟著步驟學習，這樣你就不會露出馬腳。因此，線上課程的老師可以慢工出細活，臨場反應或口條就顯得較不重要，反而是以內容取勝。

但「學魔術方塊」在 YouTube 上就有教學了，為什麼有人還要花錢學？這是個很棒的問題，因為不只魔術方塊，99% 的知識或才藝，網路上一定都有免費教學，只要你花時間找，或是看得懂英文的資訊。因此，線上課程的重點在於「省時間」，你能幫學員省下多少時間，用最有效的方式達到目的？

很多主題或領域都有人在教，但並不表示你就不能進入。假設這個市場需求夠大，你永遠都可以進去，例如職場關係、兩性關係、個人品牌——問題不在於有沒有人教過，而是你的東西夠不夠強。反過來說，當你不夠強、不夠專業或深入，了解的不夠全面，很容易被學生問倒，那才尷尬了。有人說「講師不看書，哪有資格教書」，因為你必須走在最前面，懂的比人多，而且還要教人教到會，你對學習的渴望和進步的速度應該都要比大眾快才對。

你的專業，和人們願意付費學習的內容，是否會重疊？若你真的沒有原創性，也可以去各大教學網站、線上課程網站，去看看檯面上有怎樣的課程，以及哪種課程最多人上，然後你看看是否有機會擠進去爭得一席之地。台灣線上課程網站有hahow、yotta、udemy、鐘點大師、PressPlay等，只要認真研究這些網站，和它們的課程內容，就可以嘗試設計屬於你自己的課程。看看別人的架構、大綱、目錄、案例、練習等，同時也學習他們的招生文案，圖文編排。這樣說好了，身為老師，自己不買課程上看看，怎麼能賣課程呢？花點小錢投資自己，為的是賺大錢享受未來，網路上光是公開課程的包裝方式，就足以讓你看見「知識變現」的多重方法。

錄製教學影片

請一定要實作，這真的需要練習，不要用想像的。FB 直播可以當作練習，然後回看自己哪裡可以改善。再來，你一定要學會一套影片剪輯軟體，MAC 系統是用 iMovie，再進階到 Final Cut Pro X；WIN 系統通常是用 Adobe 的 Premiere Pro。不管是找網路上的免費教學，或是付費去買線上課程（剛好去看別人的課程編排，一舉兩得），建議大家一定要學會影片剪輯、上字幕的技巧，這些都是發展個人品牌過程中很重要的一部分。

持續精進簡報功力與訓練口條

除了請你要去上課，還可以去 SlideShare 網站參考全球的簡報作品。簡報的規畫（心法原則）、技術（按鈕功能）、編排（美學）都是不同的學問，也是一段漫長的經驗累積，但你總得開始才會有進步。

有些講師天生口條好，有些講師則靠準備功夫充足，坊間也很多口條及聲音訓練的課程，或是經由大量觀摩和練習來加強。我認為只要發音清楚，沒有太多贅字，沒有一再重複的口頭禪

就好——內容還是勝過一切。

把自己會的東西變成課程，搖身一變成為老師你可能覺得有點
不自在。但相信我，這是有必要的，未來任何一個人都很有可
能是某些人的老師，你若沒有自己的課程，就少了一塊**值錢的
商品**，對於個人品牌的變現管道來說，就是缺了很大塊的一角。

個人品牌收入列表

難易度	賣專業	賣廣告	賣文字	賣商品	賣形象	其它
★	工作競爭力 →加薪	邊欄廣告	投稿	揪團購	辦網聚	參加活動
★★	受邀演講	寫廣告文	寫專欄	經銷拆帳	電視通告	主辦活動
★★★	開班教學	影音 / 直播	出書	專職賣家	虛擬人物 代言	技術服務
★★★★	內訓講師	直接贊助	劇本 / 企畫	海外代理	成為藝人	經紀人
★★★★★	顧問	簽年約	賣電子書	自創品牌	肖像授權	會員收費

十多年來，我把個人品牌的收入攻略整理成上表。

表中的灰底是我創業後曾有過的收入，讓我比較有信心去教導別人如何創造多元收入。我把收入分成六種，每一種模式又分為五個等級的難度，一共有 30 種賺錢方法，我相信每個人都可以找到適合自己的幾種方法，來創造多元收入。

這張表也可以當作「游戲地圖」，上班族從左上角「工作競爭力 → 加薪」那一格開始向外延伸，就好比角色成長的技能樹，嘗試　格一格的攻城掠地（賺錢），所有的自由工作者、部落客、網紅、或任何想要「斜槓生活」的人，都可以此表做為藍圖，發掘自己的金礦所在。

當然，世界變化如此快，賺錢方式推陳出新，這表無法涵蓋全部，但我相信賺錢是這樣：每個人只要努力，遲早會「卡到一個位置」。在這個位置上，只有你（或少數的人）可以賺到這個錢，或應該說，你遲早會找到一個「舒服的賺錢位置」，然後你可以選擇，要不加碼深耕，要不就跨界跳格，讓主角持續升級，解鎖更多寶箱。

6

沒有「免費的專家」
——談收費機制

對於個人品牌事業來說，有了「商品」以後，包括你的電子書、實體課程、線上課程、訂閱制服務、一對一顧問服務等，都不可避免要依商品來定價，但很多人一開始並沒規劃什麼事業，所以很多時候都是免費給乾貨，免費創造內容給網友看，但這條路走到最後一定要定價，不然對你、對你的讀者都不好。

英文有句話說：Freebie Never Wins。Freebie 就是那些免費付出的人，當我們剛出茅蘆的時候，希望快速獲得注意力，提高能見度，所以我們願意免費寫文、創造娛樂性或教育性的有價內容，但如果你有心想要發展事業，成為某一領域的專家，如果不賺錢就不可能持久。市面上有哪個人寫爽可以寫超過五年以上的？到最後，只有兩條路，要不就「商業化」，要不就消失。既然如此，我們何不打從一開始就表明立場，讓大家知道你「有價」，讓他們習慣「找你是要錢的」，因為真正的專家本來就是「有價的」，你若想當專家，就得勇於收費，認清這

世上沒有「免費的專家」。

另一方面，因為你是專家，你教導的學生希望從你身上學到東西，那麼「學習成效」就很重要——而事實是「學生付越多，成效就越好」。太多實驗和經歷都能證明此點，當我們獲取某樣知識的成本越高、門檻越高，我們就會越珍惜這項知識，越有可能運用這個知識，因此學習的成效就越好。

就像追女生一樣，某個女生越難追，我們越會努力，追到手之後就越會珍惜。相反的，那些喜歡一夜情的人，往往都不會珍惜對方，感情難以維繫，更別說什麼有「真愛」的感覺了。追求知識或技能也是類似，有人付了高額學費參加一個勵志的線上課程，他的好友跟他要帳號登錄，把所有講義和資訊全下載回家，等於免費獲得這個課程。幾個月之後，有人去比較這兩人的學習效果，付錢的那位有顯著的學習效果，免費獲得課程的那位連看都沒看！

其實這很正常，我們每天在網路上看了很多乾貨，免費的，你先存下來，打算以後有時間再慢慢看。但我問你，到後來是不是越積越多，根本就沒看呢？為什麼？因為你免費得到他們，不懂珍惜，好比「知識的一夜情」。

但假設你花了兩萬元的學費，來上一門課程，你會如何表現？可能一不懂就舉手發問，課後複習好幾遍，想把這兩萬元的價值「最大化」。以上在在證明，你付出越多，學得越好，所以身為一個**盡責**的老師，我們應該設法**增強**學員的學習成效不是嗎？

關於產品定價，基本上有三種方法：

① 行情
假設你教網路行銷，就到處去看看，把市面上的行情價平均一下，抓出**大家應該能接受**的價格範圍。

② 個性差異化
個人品牌事業基本上不算有「競爭者」，縱使很多人都在教網路行銷，但每個老師的經驗、興趣、個性、表達方式都不一樣，所以會發生「學生喜歡 A 老師，不喜歡 B 老師」的情形，先不論 A 或 B 誰比較厲害，但只要你敢教，就一定會有人選擇你，這是磁場問題、緣分問題，不是專業問題。你把自己定價高，就比較少人；你定價低，就能服務較多人。但誰比較賺錢則不一定。

③ 學生得到的價值

假設我教你如何做好吃的麵線，你學成以後可以營業賺大錢；或是我教你網路行銷，告訴你如何用 Email 名單賣商品——課程或服務的競價，可以從學生端來思考。這也是為什麼財經、股市的課程很熱門，因為大家都愛錢。當他們聽到「學成後月入百萬」「年投報率超過 20%」的宣傳文案，就會心動。他們不會當成是學費，反而是投資成本。

我的建議是，寧願訂高不要低。因為價值高，才會顯示出你的身價，如果沒有人來報名（或買你的服務），你得繼續努力把價值做出來，慢慢提升所謂的「對價感」，直到有人承認「你值那個錢」，願意用新台幣來證明（報名課程、購買服務）。千萬不要降價，不會買的人多數不會因為降價就轉性購買，不買的人就是「什麼都不買」或「永遠不可能跟你買」，售價並不是問題，你的「價值感知」或是你的「人」才是問題。前者比較容易改善，後者比較難，也不一定有必要改。因為個人品牌就是要**夠個人**，才會有品牌。不要為了不買的人去改變你自己，那一點也不值得。

發展個人品牌事業其實還有一招，就是開闢兩條路線，同時推出兩套課程，一個免費，一個中價位，讓免費的那個當作你的

誘餌，也就是行銷工具，中價位的那個才是生財工具。兩者的品質要一樣好，特別是免費的那一個，你沒聽錯，免費的那個課程要非常好，好到讓人忍不住想買你的另一套課程。當誘餌的課程建議不用長，但一定要精彩，讓看的人意猶未盡，有物超所值的感覺（雖然是零元，但觀看時間也是一種成本）。如果還有餘力，再研發一套高單價課程，稱之進階課程，賣貴一點，這是為了延續你中價位課程的客戶價值，讓他們不要看完就感覺破關了。慢慢的，你開始累積「課程資料庫」，當你一旦有了「課程資料庫」，你的被動收入才會開始滾動，課程出得去，學生進得來，知識變現發大財。

你的學說或知識內容，若是可以發展出五套線上課程的話，我建議的比例是：

① **免費課程**：不要太長，目的是行銷誘餌，最後放上優惠碼，鼓勵他們付費買其他課程

② **超低價課程**：不用太長，目的是讓他們成為你的「付費客戶」，加上使用優惠碼，學費可能落在 99 ～ 299 元之間。

③ **中價位課程 A**：你的主力商品之一，定價在 1,000 元以上，

但不要超過 3,000 元。目的是學費 × 人數＝賺錢。

④ **中價位課程 B**：你的主力商品之二，但保持降價的彈性，三不五時可以來個限時優惠，刺激一下學生人數。

⑤ **高價課程**：你的超利潤商品，定價至少 3,000 元以上，報名人數不會多，但利潤應該最高。沒人買沒差，有人買都是多賺的，用於建立及維繫鐵粉。

課程可分為「一次性」或「延續性」，例如魔術方塊、架站教學、軟體使用是一次性，會了就會了；而語言教學、金融投資、時事解析就屬於延續性，可以一直教下去。身為老師，你也要分清楚，有些上架平台屬於一次買斷式，買下一個課程可永久看；有些屬於訂閱制，每個月付費才能一直看下去。兩者各有好壞，若你覺得延續性比較好，可以一直源源不絕的教下去（＝源源不絕的收入），想把一次性的課程設法變成有延續性的，怎麼做？很簡單，就提供「案例」。例如「學會 After Effects 剪輯影片」可以是一次性，但也可以是延續性，只要定期提供「After Effects 某個特效教學」即可，這樣你就能源源不絕的賺下去。請思考看看，你的專業領域有沒有什麼**可一直用**的案例？

「玩」出千萬的個人品牌事業

Kara & Nate
個人網站：https://karaandnate.com/

一邊環遊世界，同時年收千萬台幣，這是天方夜譚嗎？不，這對夫妻做到了！一對從小生長在美國納許維爾、高中就認識的情侶，大學畢業後結婚。Kara 原本是幼稚園老師，Nate 創業開了一家印刷公司，結婚兩年後他們計劃要生小孩，但決定先去旅遊一年——結果走向完全不同的人生道路。他們從 2016 年啟程，預定在 2020 年走訪一百個國家，如今目標早已經達成，但腳步還是沒停下來。

我佩服他們什麼呢？他們不像其他 YouTuber 只靠廣告分潤，因為他們相當清楚只要運算法改變，收入就會驟減。他們有漏斗的概念，成立官方網站後收集會員名單，拓展其他的多元收入。最特別的是，他們每一季都會公開收入和支出，免費分享給大家看。以他們最新一季來說，下面是他們的收入比例和數字：

收入項目	金額（美金）
YouTube Ad Revenue（YouTube 廣告收入）	$50,707.67
Patreon（Patreon 捐款——有點像打賞創作者，讓他們可以繼續創作下去）	$10,748.52
Courses（線上課程，兩人有各自擅長的部份：男生教「省錢旅行」，學費 $147；女生教影片剪輯，學費 $97）	$8,889.00
Affiliate Income（聯盟行銷收入）	$28,642.53
Video Sponsorship（業配）	$50,100.00
Total Income（第三季總收入）	$149,087.72
支出項目	金額（美金）
Transportation（交通）	-$5,831.75
Accommodations（住宿）	-$3,784.49
Destination Expenses（行程支出）	-$4,672.39
Business Expenses（商業支出）	-$9,382.80
New Gear（新裝備）	-$593
Fixed Cost（固定成本）	-$797.77
Miscellaneous（雜項支出）	-$494.75
Total Expenses（第三季總支出）	-$26,896.95

Total Profit（第三季總利潤）$123,530.77

我們再把他們公布在網站上前兩季的總利潤放進來：2019 年 Q1 總利潤：$87,686；2019 年 Q2 總利潤：$66,265；2019 年 Q3 總利潤：$123,507。加總等於 277,458 美金，平均每一季度是 92,486 美金，預估整年的利潤是 277458 + 92486 = 369944 美金，折合台幣 11,098,320 元。

年收 1,100 萬啊！各位觀眾！而且不是收益，是利潤啊！從 2016 到 2020 只花了四年啊！而且還是到處去玩啊！住五星級或特色飯店！偶爾坐頭等艙啊！

現在你知道在這個世界上，有人過著這樣的生活：邊旅行邊賺錢，一時出國爽，一直出國一直爽！夫妻倆已經製作超過七百支環遊世界的影片，每支影片出來就是疊加上去的收益，讓全世界的觀眾付錢給你去旅行──如果這不是美夢成真，什麼才是？

7
個人品牌之工具應用

這裡談如果想經營個人品牌，你會需要那些工具，以及一些使用須知。

首先最重要的是「網站」。以長期規畫來說，放痞客邦、Blogger 等 BSP 平台只是次佳的選項，我們應該擁有自己的網站。自己的網站包括三部分：自己的網址、自己的空間和自己的內容。想做好一人事業，你必須花錢買網址，網址建議在 GoDaddy 或 Gandi.net 買，前者比較便宜，後者可以開發票報帳。自己的空間就等於買主機，我推薦 Linode 或 Google Cloud，若自己不會架設可找相關工程師。網址和主機都可以花錢解決，屬於比較容易的部分；有能力持續產出自己的內容，才是比較困難的部分。

WordPress（下稱 WP）仍是獨立架站的最佳選擇，網路上有許多免費的教學影片。網站做好以後，就有了「部落格」的功能，你可以開始寫文章，寫大約 15 ～ 20 篇夠長（最好一千字以上）

的文章之後，就可以嘗試申請 Google Adsense，基本上只要內容不違法都會通過。通過之後，你就可以開始「流量變現」，實現最簡單的網站賺錢。你如果想靠流量賺錢，就應該寫一些比較親民、通俗的主題，例如食記、遊記、電影、開箱、心理測驗、星座、評論時事等，去創造流量。很多部落客其實也只專心進攻流量，優化內容，找最新最快的議題來寫，每月收入也可高達百萬，沒什麼不好。

但當然，好還要更好，我說過「流量變現」會越來越難，這其實是一條滿辛苦的路，所以我們要繼續突破繼續走。一旦流量增加，廠商注意到你，很自然的會進入下一階段「內容變現」，也就是廣告文、業配文。另一方面，除了廠商端可以內容變現，讀者端也可以嘗試，就是提供收費內容，例如我在第三部會提到的完全訂閱制，只要開一個 FB ／ LINE ／ Slack 社團，把付錢的人加進去，每天把有價內容往裡面丟就好。如果你想要更專業一點，WP 有多外掛可用，像 MemberPress 或 Paid Memberships Pro，可以把會員功能整合進文章，也就是說你可以設定「會員資格」，然後設定「文章權限」，就只有某些會員可以看到某些文章。

「流量變現」和「內容變現」是基本功，我建議大家要繼續向

前走，也就是「專業變現」和「品牌變現」。專業變現也有很多方式可以操作。以線上課程來說，做在外部網站的話，有 Hahow、PressPlay 等站，或利用 Teachable、Thinkific 等現成的完全解決方案，你只要把課程內容**套上去**就好，如果你要做在自己網站裡，有一些外掛程式像是 LearnDash，雖需要付費，但你的線上課程本來就要收費的，所以這是投資買生財工具。

除非你只想停在漏斗的上層，只靠流量跟 Google 發錢（流量變現），懶得跟讀者互動，否則你就必須從讀者中篩選出「會願意付你錢」的一群。怎麼篩選呢？你會需要兩個工具：第一是 Email 行銷，第二是 Landing Page 製作。

「Email 行銷」的重點在於會員維繫。你希望有一天會員跟你買東西，從「陌生讀者」經過你設計好的消費者旅程，直到你最鐵桿的「品牌擁護者」，這中間的橋樑就是好的 Email 行銷策略。而你需要一個好的「Email 行銷平台商」，英文叫 Email Service Provider（簡稱 ESP），我經過很多時間的研究，推薦的工具是 ConvertKit 和 MailChimp。

LandingPage 中文翻譯叫「著陸頁」，聽起來可能很怪，通常我們稱之「銷售頁」或「單一行動頁」。為什麼要有這一頁，

不直接連到首頁就好？是因為該頁面的目的就是「銷售」。想像，你在 Yahoo 首頁看到一個性感睡衣的橫幅廣告，結果點進購物網站的首頁，沒看到那件性感睡衣，這樣不是很怪嗎？這並不是最佳的使用者體驗，當然也無法促成那件性感睡衣的銷售。

LandingPage 要如何製作？如果你用 WP 的話，只要新增一個「頁面」（Page），再用編輯器編輯成美美的就好。我自己不是用 WP，所以無法編得美美的，就必須用外部的 Landing Page 服務商，我自己做了很多功課，繳了一些學費，最後找到目前用得很順手的 Brizy。

經營個人品牌的工具很多，其中該付費就付費，但付費的「前提」是什麼，就是你得「有產品可銷售」，這樣才投下固定成本。不然你維繫客戶名單是要把他們帶到哪裡去？你做銷售頁要放什麼內容？再說的極端點——你花錢做網站為的是什麼？

使用工具需要練習，用得越頻繁效率就越好。我在選擇工具的時候，基本上會考慮幾個點：第一，他們是不是正派的公司？有持續在成長，這表示客戶會要求新功能，該服務就會與時俱進。第二，他們的客服態度如何？因為時間就是金錢，遇到問

題時請教客服還是最方便。第三，價錢是否合理？第四，是否支援中文字體，很多國外的軟體都對中文不友善，如果他們不提供中文字型，也至少要能支援 Google 雲端字型（Google Custom Fonts）。

國外的雲端工具又多又好用，有些免費版雖有限制卻也堪用，但若我覺得某項服務很好用，我會直接付費升級，這不僅能解開更多進階功能，也是為了鼓勵這些公司，讓它們能營利下去，持續優化這些產品。例如直播工具 StreamYard、社群音訊動畫 Wavve、教學軟體 Crowdcast。若有興趣看教學影片，可上我的個人網站了解更多。

8
個人品牌之個人技能

上述的工具只要花錢買，加上最多幾個月的學習曲線即可上手。但創辦人技能的養成可非一朝一夕，而是經過數年累月的累積才能精通。想要做「一人」公司的人，可能是由興趣切入的年輕部落客，也可能是背著沉重房貸的換跑道上班族，我們幾乎從零開始，沒有太多資源（錢）可以用，所以才逼自己學會多重技能。直白的說，想當「生意人」，你不能只精通一種技能，最好「略懂」十種技能，因為前者最後很可能落到「接案」的地步，後者才有可能當「老闆」。

當我們的事業開始有固定收入，我們就可以有固定支出，身為數位創業家，我們最大的固定支出就是「外包人力」（我不是說聘員工變內部人力喔）。因為你忙於重點工作，分身乏術之下才用錢去買時間，唯有這個時候，你才有資源去證明「術業有專攻」。在創業的初期，你真的最好什麼都自己來。網路上的免費資源非常多，只要你不追劇，不沉迷手遊，每天早起一小時，保證你有足夠的時間可以把一項項技能學起來。如果你

還是做不到，你不願意犧牲一些東西去換取更好的未來，如果你再三確定自己是這種人，那「當上班族」可能是最佳選擇，「每個人都不一樣，創業或上班族沒有誰比誰好。」你這樣告訴自己，會讓自己心裡舒服一點。

如果問我，第一個最重要的技能是什麼，我還是會說「寫作」，沒有之一。在網路上面創業，你的品牌價值都是「寫出來的」，一盤蚵仔煎可以被寫成「地中海牡蠣風味義式紅醬蛋汁煎餅佐時蔬」，臭豆腐可以被寫成「瑞士天然酵母加拿大有機黃豆腐佐長野時蔬」，也許你會覺得很好笑，但如果你曾參與過某些產品的募資專案，然後拿到實際產品之後，就會反省為何你會被某些文字打動，但實際的產品卻爛得跟狗屎一樣。我們都曾經被文字包裝所騙，但重點不是要去騙人，而是訓練「文字能力」，包括寫作、文案、說故事、列特點、配圖說明等，都是最重要的技能。不管是產品或個人品牌，說得誇張點，八成都是**寫**出來的。

產品不好（包括人）怎麼辦？如此一來要如何用文字表達出來？你硬要把一個爛東西寫成好東西也是不對的，再厲害的文案大師能做的也很有限，所以才要去優化你的商品，讓它能夠跟上你想表達的文字，這是其一。其二是，「產品自己會說話」

雖然沒錯，這是口碑，但一開始還是得主動去廣播一下，去找到最初的那些破口，不然這世界誰理你？所以當你對產品有信心，就一定要把它寫出來，好的產品搭配好的文字，才能傳遞出價值感，也才有可能有人買單。

再來是影像處理的技能，好的圖像也會增加「價值感」和「可讀性」，你一定聽過「一圖勝千字」「沒圖沒真相」，照片誰都會拍，但差別在於你如何呈現，熟練一種以上的影像處理軟體是必須的。我自己是用 Adobe Photoshop 處理影像，有些部落客可能會用 Lightroom 去處理照片，這也很好。這類的影像處理軟體要熟練到什麼程度呢，我覺得至少要能夠明白 layer（圖層）的邏輯，並能簡單的裁切、調色等修圖需求。

我的原則是「大視覺請人，小視覺自己來」。大視覺包括你的網站 Logo，有了 Logo 就有了色系。如果你經營 YouTube，大視覺可能就是你的頻道看板（最上方的），還有影片的開場動畫。如果你經營 Podcast，那封面也要有設計感。所謂的「大、小」雖然沒有絕對，我認為「大」就是該平台的主視覺，你給人的第一眼品牌印象。如果你有預算，請不要「隨便做」，盡可能一開始就好好做，你可以外包給朋友，或是上 fiverr.com 找設計師。其他的「小」視覺部分，包括部落格文章配圖、

YouTube 影片縮圖、FB 貼文等，這些可有可無、網友也許晃一眼帶過的，由於它們會頻繁出現，除非你有美編員工，不然每次都外包，又花錢又慢，還不如自己做，又省錢又快。你應該常去 canva，把它們的介面摸熟，還有網路上許多免費圖庫，包括 unsplash、pexels、pixabay，可解決部份的圖片需求。

另外一個網站 Figma 可讓你「協同設計」，這在很多情境下都會用到，例如遠距工作的兩個美編要一起討論設計，或是老闆外包給一個設計師，然後線上註解他想修改的地方，不必將檔案來來回回的寄，只要一起在 Figma 協作就好，雲端自動儲存。這網站提供不同裝置的版面規格，和許多常見的視覺樣版，也是一個有時間就可以玩玩看的實用工具網站。在使用的過程中，你就會增加自己的視覺設計的 sense 了。Figma 最佛心的地方在於「個人使用」是免費的，非常適合自由工作者學習，省時又省錢。一開始，我們會覺得製圖很難，甚至每個工具按鈕的用途是什麼都不知道，等到你用多了 Photoshop 或 Canva，你自然會發現它們擁有相似的邏輯，學習一個新的軟體就會比較快上手了。

從文到圖，再到「影片」，觀眾需要的刺激度越來越強，想要擁有觀眾的注意力，就必須從善如流的去拍影片，很多人會著

墨於影像軟體的操作，但我覺得這倒是其次，應該是你面對鏡頭的樣貌，和你對鏡頭說話的口條和眼神才需要練習。想像你要錄一段十分鐘的教學影片，在這十分鐘內你要說什麼？你要怎麼說？可以安排什麼橋段進去讓影片活潑一點？最後你要如何收尾？這些東西你需要先學習，然後大量練習，直到你感覺自在，才會像個老手，眼神不會亂飄，口語表達順暢，姿勢看起來不會僵硬等。

影片錄好後，你可以自己後製，我是用 Adobe Premiere Pro 來剪輯。自從開始研究影片後，每回看到網路上剪輯不錯的影片，我就會去拆解它是怎麼做到的。很多酷炫的特效是用 After Effect 做的，這個我不會，所以這部分的影片後製外包出去，我只要拍好原始影片，其他丟給專業的就行。

影片剪輯最花時間的可能是上字幕。網路上有很多號稱是「最快上字幕」的方法，，但經過我的實作和研究，自認找到最有效率的作法，是一個叫「pyTranscriber」的軟體，利用它的語音 AI 辨識後自動生成字幕檔，再去時間軸上一一微調文字，就擁有該影片的字幕檔，此時你可決定要上傳到 YouTube，讓觀眾自行決定要開啟或關閉字幕，或者是選擇「把字幕做在影片裡面」。這時你會需要一個軟體，能夠把影片和字幕「合

上」，我用的是一個台灣人自製的軟體叫做「FCT 影像轉檔」，可以在裡面調整中文字型、尺寸、底部距離等。

聽到這裡你可能想哭。但「文＋圖＋影片製作」這技能的組合只是基本功，這是你身為創作者本來就應該會的，如果不會，就無法跟上市場趨勢和網友喜好。想經營個人品牌，是要上戰場打仗的，而**業務行銷**才是你攻擊的主力武器。你有了好產品，不會賣也是白搭，但如何養成業務技能呢？或如何找到願意買單的客戶呢？

好消息是，如果賣的是數位產品，你的業務行銷技能在初期等於**文案寫作**技能，因為你還很少面對人群。但到了後期，你可能要辦實體活動、簽書會、大型演講等，這時就必須現身與人群互動，但我覺得到了那時候，你已經充滿信心，粉絲也會引導你如何做，你也不必再「硬式銷售」，只要做好自己便已足夠。

會計則不需要自己做，外包給記帳士，每月付他 2,000 元上下的記帳費就好。法務也不需要自己來，請找個法律事務所配合，平常沒事也花不到錢，但如果有人盜你的圖文，就可採取法律手段向對方索賠，也是一種生財方式。

如果有天你忍不住想聘員工，請先問他是否願意以「外包」的方式來配合。他若有成立公司就好辦；若沒有，也可以顧問方式合作。請神容易送神難，以我不負責的歷史經驗統計，你雇了五個員工，只有一個會滿意，於是你花資源培訓他，結果那唯一好用的員工不久後就被人挖角，或自行創業去了。這也是為什麼我不想再雇員工，寧願全部用外包的方式配合，對我，對他們，甚至對社會經濟都好。

最後一個技能，我覺得大家都需要，就是「對市場的靈敏度」。你雖然不必像我這樣緊緊跟著網路趨勢，保持自己在第一線的嗅覺，但至少要明確的看見整體大方向。例如 YouTube 是第二大搜尋引擎，如果你在文字上的 SEO（＝能見度）已經做不贏別人，是不是應該直接從 YouTube 開始就好；又或者，你覺得部落格已經沒人看，發現 Podcast 是「新型的部落格」，那是不是盡早投入擁有自己的 Podcast 頻道。

不管你是不是要站在台前，利用個人品牌賺錢，又或是你想在幕後工作，都必須知道「大多的廠商預算」現在往哪裡流。你做同樣的工，但客源較多、較大，例如你的一人公司是「影片製作公司」，你就應該清楚市場目前需求很大，你可以趁勢取得更多客戶（積極發表作品引客），或是提高每集製作費（跟

老客戶漲價）等。一人公司雖不等同於「用個人品牌賺錢」或「創作者事業」，但具備**市場概念**這項技能，卻是每位一人公司經營者都必須具備的。

9

個人品牌之虛實整合

矽谷知名投資者傑森・卡拉卡尼斯（Jason Calacanis）說過 "Building your brand online, then increasing your price offline." 翻成中文的意思是：網路建立品牌，提高實體收費。網路或實體，線上或線下，對於個人品牌來說永遠是一體的，不管你從哪一端起步，到最後必須二合一，才有那個「一」將品牌最大化，殘缺的、偽裝的、稍縱即逝的個人品牌，無法長久經營成一番事業。

這裡要談談如何「二合一」，讓你的個人品牌變立體，虛實整合。大部分六、七年級生，或是更老的一代，都曾在職場工作過，而且「個人品牌」這件事絕對不是我們讀書時、或畢業後的「職涯發展」，我們都按部就班，按照社會正常規範，進入某個產業的某間公司，當個朝九晚六的上班族。所以若你問「個人品牌的職涯發展」，大家會問那是什麼，因為什麼斜槓、自媒體、網紅、YouTuber 等都還沒有出現，但隨著網路及科技產品的進步（手機）、消費者眼球的轉移（從電視到網路）、自

媒體（FB、YouTube）的門檻降低，新的市場漸漸成形，其經濟模式隨之而來。某些思想比較前衛、資訊比較豐富的上班族，開始**不安於室**，嗅到其他的可能性。因為他們發現資訊越多越紛亂，「被看見」（品牌）的重要性就越大，「品牌」這件事不該局限於他們所效力的公司，也應該將「自己」放大，至少讓自己在業界的名聲變大，才可以確保他在公司或業界的競爭力。

於是這些人思考在自己的工作崗位上，有沒有發展個人品牌的空間，例如科學家或醫生會寫研究報告、白皮書，做市調，再以自己的名字來發表，變成新聞報導。現在這件事變得更容易，我們若可以產出優質的報告或白皮書，然後免費給大家下載。或者是到處代表公司演講，同時累積公司及自己的名氣，一旦你表現傑出，你的名字很快就會傳開，慢慢地，當你在業界闖出名號之後，機會就隨之降臨，有業界人士來挖角，更多的演講邀請，寫專欄，出書，開課等。

我現在講的都還只是實體活動，你也沒有離開工作崗位，就有許多的機會如大雨落在身上，你開始心中感受到「人生不只這樣」「人生也許可以那樣……」，機會就是錢，原本可能沒什麼額外的收入，甚至完全沒有商業思維，不知道你的專業能怎

麼賺錢，但別擔心，一旦出名以後，廠商會主動來教你賺錢的方法。

如果你現在還是上班族，除了可使用以上的「傳統方法」，或者搭上較新的做法，例如做FB直播，或製作一個Podcast節目，講述你業界的專業或祕辛。但太危險的八卦，或老闆未允許的商業機密不要講，免得被網友截圖存證。不好笑的笑話也別開，例如玩弄槍枝，或恐嚇別人，以免被抓去關，在螢幕面前演出，事前最好還是潤一下稿，以免講得太嗨脫稿演出。懂產業又口條好，可以清楚傳達觀念，向大眾溝通，就是一項難得的能力，對於潛在雇主來說，你就很有吸引力了。當你被業界人士尊重，包括競爭者也會聽、也會follow你，等於你成了「業界之音」，記者也會來採訪你，請你針對該產業的新聞做一番評論。假設你長相又討喜，有觀眾緣，口條好，就會成為「業界之星」，就算你不離職創業，在產業中也會有更進階的發展。也就是說，發展個人品牌對你而言，百利無一害。

另一方面，很多人根本沒上過班，直接就在網路上藉著某方面專業建立起個人品牌。首先，他若實際去某產業面試的話，錄取率肯定會比一般人高，要是他真的夠紅，企業甚至會想找他來當代言人（或吉祥物？）。但事實上，就我認識的人來說，

他們很少會去公司上班，還是自己選擇創業。所以個人品牌是一石二鳥之計，可繼續上班，亦可自行創業。

當你是 SOHO 族，假設是健身教練，實體和虛擬課程必須同步做。你原本有十個學生，每個學生收費 2,000 元，月收入20,000 元，你想辦法增加收費，讓學費慢慢往上升──但你憑什麼上升，就是憑你的「網路品牌聲量」。當你每個學生收4,000 元時，可能會少掉五個學生，但可以維持一樣的收入。收入雖然沒變，你的「身價」變高了，從你漲價的時間點算起，來的學生就依你現在的身價加入，收入就比之前多。關鍵就是，你必須隨著時間漲價，先確保能維持一樣的收入（收入沒變，但身價漲），然後再行銷自己，讓更多人用更貴的代價得到你的內容（產品或服務）。

持續漲價＝持續漲身價，這是每位創作者，或是個人品牌非常重要的一個原則，一定要遵守！要成功在實體世界**漲價**，進化一個等級，憑的就是你在網路世界聲量。任何產業或身分都一樣。

接下來，有了品牌，就可以販賣自己的商品。實體商品例如千千拌麵，谷阿莫鳳梨酥等，資訊商品包括電子書、線上課

程、技術服務等，但要如何把它做大呢？此時又回到實體世界的努力，你可能必須多跑幾場演講，幫某產業或小眾領域當顧問，或是拍廣告，出席活動，上媒體，當個品牌大使等，從實體世界撈出新的族群，再把他們帶到你的線上世界，用網路工具維繫感情，讓他們從實體世界來，但在虛擬世界離不開。Email、LINE、FB、網站、甚至手機簡訊都是好用的工具，比你一個一個見面喝酒搏感情來得有效率（但可以同時進行）。

所有你在實體世界的努力，理論上、理想上都應該轉化成你的數位資源。例如你去一場演講，然後跟大家宣布只要到你的網站，就可以免費下載今天的簡報，而你必須給我你的 Email，我才能把簡報寄給你。這就是「offline 努力」轉「online 資產」的一個範例，甚至要更貼心的話，你可以讓他們直接問問題，然後你再用 Email 回覆他們，多來回幾次，一個原本不認識你的實體聽眾，就變成了一個你的鐵粉，這樣的「無縫接軌」才叫有效的虛實整合。

線上、線下努力打造個人品牌看似兩條不同路線，實為同一件事，就是活出更好的自己，不管你從哪裡出發，最終都會匯流成一。

10
商業部落客之
選秀條件排行榜

一個「正常」的部落客，「商業化」是很自然而然發生的事，就像木板被海浪推著走，你要不就別下水，要不就想辦法駕馭，訓練自己成為一個衝浪手。我說過很多次，那些有「影響力卻不想賺錢」的部落客只是還沒意識到此事實，或是時間／價碼／機會還沒到，商業化、賺錢不但不是壞事，還是天大的好事，它們就像是燃料，燒得你繼續往前走，越燒越旺，也是一種你終於闖出名堂的印記。有些自認清高的部落客不寫廣告文，卻願意出書？我卻認為回歸商業本質，這兩者基本上是一樣的。

因為我也擔任部落客仲介，當廠商要求我找部落客時，我會以下述條件來選擇部落客。雖然這些條件並不代表其他公關公司、代理商、個人仲介、個別廠商的選人要件，畢竟你可能知道，多數廠商在選人的時候，最重視的是流量，為什麼？因為流量是最「快速」的指標，讓人一眼就知道你的「程度」在哪，對於外行人、沒時間的人、不懂裝懂的人來說，看流量是最安

全的，**至少不會出錯**，如果一個部落客流量高，多少都會有廣告效果吧？雖然，我認為這是一半對一半錯。

所以以下就用我的「十大選秀條件」，為何謂**好的個人品牌**作結：

第十名　願意成名的心態

「低調」和「品牌」是互斥的，你不能一直處在**想紅又不想紅**的心理狀態，這樣永遠不會出頭。好（壞）消息是，就算你很努力很努力的想紅，也不一定會紅，但至少要有「準備好了」的心態，不然會讓中間人和廠商很疑惑，也會對你的專業有所質疑。簡單來說，若你沒有抱持成名的意願，等於自斷了品牌之路，很快的會被其他想紅的夥伴們超越、淹沒。請再重新想想，是否部落客這身分並不適合你。

第九名　親近度

中國人都是這樣的，有關係就沒關係。如果有差不多條件的、

或是廠商完全信任我的，我當然會把案子給認識的人啊！這些人可能是我的讀者、我的學生，曾經合作過的、或認識很久的部落客老朋友，總之先照顧好自己身邊的人比較重要。這點告訴我們，「實體人脈」遠比你想像中來得重要，能夠辨識出哪些是部落客圈的 key man，然後嘗試親近他，也是一門學問。不要以為這好像很諂媚、逢迎、嘗試巴結，不是的，如果你本身也是有料、有趣的人，對方可能也會想認識你，差別只是誰先主動而已。花若盛開，蝴蝶自來；人若精彩、天自安排。所以重點還是你自己。

第八名　其他曝光管道

除了自己的「主要部落格」，你還有哪些可以曝光的管道？例如其他網站的專欄供稿、FB 的個人＋粉絲團＋社團、Instagram、LINE@、電子報、Podcast 或廣播節目、YouTube 頻道、其他線上或線下社群、甚至平面媒體、實體人脈等。廠商很喜歡可以一文多處曝光的部落客，這會讓廠商感覺物超所值，付一次就遍地開花。其實對於部落客來說，開設這些曝光管道都是快速而免費的，問題在於把它們經營到有聲有色有廣告效果大不易，所以就看你認為哪些管道值得或喜愛。簡單來

說，你的通路越多越廣，你的廣告效果（至少看起來）就越好。

第七名　流量數據

基本流量還是必須的，我的標準是「每日 PV 1,000 以上」或「FB 粉絲數一萬以上」。

第六名　配合度

指某個人的接案態度、應對方式、供稿時間、修改意願及速度等綜合性統稱。我們常聽說某些部落客紅了以後就開始出現大頭症，接個案子規矩一堆，溝通也不像之前那麼有禮貌等——有少數人這樣沒錯，所以除非廠商指定，否則我就不會主動選。有時候，配合度下降也不是部落客的錯，可能因為「檔期很滿」，他手上案子變多了，或是對廣告文把關變嚴格了，或是近期內不能寫同質性商品等，這些都情有可原。

如果是配合度高的部落客呢？態度良好，寫稿又快又優，至少要能如期交稿，主動提供想法，願意配合廠商修改等，共事時

會有「合作愉快」的感覺——這通常會是奠定未來合作、放入我優先名單的對象。

第五名　模特兒是否漂亮、有人味

很多廣告文都希望有「人」出現，這關係到撰文部落客願不願意露臉，他上不上相？根據調查，一張美女的臉放在一塊蛋糕旁，那塊蛋糕會感覺比較好吃，所以講起來雖然很俗氣，但事實擺在眼前，漂亮的模特兒是會幫產品加分的，也因此構成一整個showgirl的新興產業。商品是冷冰冰的，若能增添幾分「人味」，會讓整體呈現更有溫度、人性化，但如果你覺得自己長得不上相怎辦？為了要有「人味」，可以不露整張臉、戴面具、用可愛小孩、用寵物（若商品合適）、用願意露臉的好看朋友等。但最簡單的，還是去看看有沒有辦法「改善鏡頭形象」，其實不一定要長得帥或美才能上相，如果口條清晰幽默、舉止好笑討喜、氣質與眾不同，也是會有觀眾緣的。

第四名　是否專業、和商品契合

如果廠商是賣奶瓶的，縱使你流量再高，沒小孩的部落客就是無法接案，所以「專業契合度」是另一扇大門，特別是給那些平時流量不高的部落客走。當每個人都是美食部落客，只有你是素食部落客，那廠商的選擇不多，你就有可能勝出。當很多人都可以介紹通俗的菜刀，只是你這位打鐵師傅可以寫鋼槍，廠商不要你要誰？通俗為廣，專業為深，以稀有度來說，通俗事物可以取得較高流量，但也因為門檻低，競爭也多，反倒是專業人士在此取得優勢，而且因為他們不常接案（案源少），加上專業契合度，往往可以產生更棒的廣告結果。

第三名　SEO

廠商付了錢就要看見效果，先不論有沒有帶來業績，至少要看到這篇文章能被搜尋到，所以部落客的網站 SEO 能力顯得十分重要。多數情況下，SEO 能力依賴「網站本身」，如果是放痞客邦，這點完全沒問題，因為痞客邦全站的 SEO 能力都很好，但如果是自己架站，則需要一段時間的累積，才能漸漸的把 SEO 能力做出來。一個全新網址、全新網站的 SEO 要從零

開始，藉由不斷更新的內容產出，其他外部連結的加持，網站程式及架構的優化等諸多變數，差不多在一年左右，才會漸漸成為具備 SEO 能力的網站。我雖然喜歡給新人機會，但由於「新網站」的 SEO 表現通常較不佳而必須放棄，畢竟廠商付了錢但若搜不到，那大家都得遭殃。

第二名　作品豐富、好看

廠商要部落客寫廣告文，無非是要將商品用**好看**的方式呈現出來，所有的內容行銷本質就是要回歸到好看，如果部落客有本事能把廣告文寫得（或畫得、拍得）好看，基本上就已經完成了創作者的任務。一篇作品好到極端的時候，其他什麼數據條件都可以忘了……

因為好看，所以很可能被大量分享。
因為好看，所以很可能頗具說服力，引起消費者購買。
因為好看，給他人的品牌印象極為深刻。
因為好看，廠商自己可以拿去運用，例如招商或行銷。
因為好看，中間人會很有面子，部落客也因此奠定身價。

如何呈現出「好看的作品」是所有創作者的共同目標，當然也包括專業的商業部落客。

第一名　讀者含金量

部落格比到最後，比的是讀者含金量。廠商願意花錢廣告，是因為想要賣更多，當我們順著這個共同目標去想，誰的讀者看完廣告文後真的會去買就變得很重要。「會不會買」有幾個要素：首先，商品好不好，是否有競爭力？其次，廣告文的表現好不好？最後，你的讀者是否買得起？以上看來，似乎第三點才是最難的。我們如何養大自己讀者的含金量？這裡提供以下五個方法：

① 多寫昂貴的東西，或是奢侈的經驗，最好是親身分享。
② 開始向你的讀者賣東西，養成他們會跟你買東西的信任感和習慣。
③ 去實體的有錢人聚會或社群，認識他們後，請他們來 follow 你。
④ 繼續擴大你的基本盤，假設 2% 讀者是有錢人，那基本盤越大，有錢人就越多。

⑤ 自己要成為社會上領袖級或企業家那種等級的咖。當你成為大師，就會有信徒。

優化一人公司的
產出內容

1

創作三箭讓你
百發百中

有沒有什麼「最高原則」，是創作者可以在每次創作時謹記在心，就能增加作品的「命中率」，讓每一篇作品（或產品）都是高品質、高吸引力，有機會造成瘋傳，讓自己和讀者都滿意的呢？

當然有很多，但基於「三的法則」，老外說要：

- Useful（有用的）
- Interesting（有趣的）
- Different（與眾不同的）

「羅輯思維」說要：

- 有趣
- 有料
- 有種

其實把兩者放在一起比較，你會發現這些原則都差不多：

- Useful 就是有料、實用、專業
- Interesting 就是有趣、好玩、令人眼睛一亮、產生好奇心
- Different 就是差異化、獨特或嶄新的觀點，因為你要與眾不同，所以要有點勇氣

於是我歸納出自己的「創作三箭」，分別是：

- 娛樂性
- 教育性
- 啟發性

任何人可以看到的東西都是創作，而不管你從事什麼樣的創作，如果可以濃縮成這三個鐵一般的最高原則，就有可能「百發百中」。

① 娛樂性（Entertaining）

現代人生活壓力大，有趣好笑的內容人人愛，內容淺白粗俗沒關係，這樣看得懂的人才多。「看懂的人越多，看的人越多」，多數的 YouTuber 屬於這類，因為他們只是把電視裡的綜藝節

目換個平台放，然後接收了年輕世代的觀眾基數，感覺上很厲害，但其實只是世代接棒，從看電視到看網路的節目。

如果一個素人可以不計形象，在螢幕前放得開，再利用一些道具、場景、人物變化，就可以讓影片變得有趣。基本上你本人不需要真的幽默喔，不信的話，你只要從網路上抓十幾個笑話，然後拿手機對自己拍，把這些笑話說出來——你猜怎麼著，就會有人看了，說不定還有人因此訂閱你的 YouTube 頻道。也就是說，在「娛樂性」這一環，你可以用策展、整理的方式，讓大家覺得看你的影片很有趣。如果你還願意花時間去學影片編輯、特效、上字幕，或找其他人一起搞笑，你就會是一個不錯的 YouTuber 了。我說真的，目前檯面上真正好笑的 YouTuber 屈指可數，這發展空間還很大啊！

內容的形式也很多，「影片」是最可以有娛樂性的，一是方便添加戲劇效果，二是若露臉的人物又真的好笑，竄紅的速度會非常快。因為「好看」的內容回到最根本，就是有趣、老少咸宜。其他內容形式，包括漫畫也很適合娛樂性，越接近圖像的，越容易在此項獲得優勢。「文字」可不可以有娛樂性，當然可以，但就會難一點，所以若你的文筆幽默，就算沒什麼實用性，還是會有人喜歡。「幽默的文字」是高段的藝術，這種人往往

除了有趣，也多少會涉及第二支箭，也就是教育性。

② 教育性（Educating）

多數的網路好文都具有教育性，網友上網最大需求就是「搜答案」，因此只要你分享某方面的專業，不管用什麼形式來創作，多多少少都會有知識性、教育性。

當我們說「教育性」，最直接聯想的內容型態就是「課程」，這種形式的內容門檻不低，不是一篇文章、一篇漫畫、或一部影片就能搞定，創作者必須有一個獨特的學說，然後以其為核心向外發展。一堂課程最少都要有兩小時，所以你必須準備兩小時以上的（豐富）內容，這對沒經驗的人來說是有挑戰的，但好消息是可以累積，不管是簡報張數、授課時數、教學經驗都會慢慢變多。而且由於講師本人是課程的靈魂，他同時可以具有「娛樂性」，也就是雙箭合一囉。還有更棒的，一個好課程會為學生帶來啟發，這是最難、但最重要的第三點。

③ 啟發性（Inspiring）

何謂「啟發」呢？簡單來說就是當人們看了你的創作後，他們自己會激盪出新的想法，除了吸收你給的以外，還會因為某些點而獲得靈感，然後新的想法、夢想（和幻想）會驅使他們行

動，去挑戰更多、更大的目標。

身為一個創作者，不管以何種形式，我認為作品的啟發性最重要。因為再好笑、再實用，都不如你給他想像力。《小王子》的經典語錄說：「你只要讓他們渴望大海，他們自動就會去找材料造船了。」當一個人受到啟發，就像是突然被點醒了，把之前的「點」用「線」連起來，然後自己思緒會發展成「面」。可想而知，這類醍醐灌頂、打通任督二脈的創作並不容易，僅以一篇文章或漫畫很難做到。

請回想過去在什麼情況下會深感啟發，我想答案應該是「與人對話」吧，所以聲音、影像、課程這類最容易給人啟發性，所謂真正的大師給人就是這種感覺。於是我自己的創作，也是以「啟發性」為最高指標。

如何帶給人啟發性？最基本的就是要比別人走得快，處在某領域的第一線，獲得相關知識後，再融合自身經驗去內化成自己的學說。再來，創作者本身必須是個夠創新的人，思想創新、行為創新，不拘泥於過去的舊思維模式，先啟發自己，才能啟發別人。

文字、漫畫、圖片、影片、聲音、簡報、課程、桌遊等，每種不同的內容型態都可以包含「創作三箭」，縱使有些比較困難，例如簡報如何趣味化？文字如何有啟發性？桌遊如何有教育性？——但不是不可能。任何的創作，只要有其中一箭就有可能紅，有兩箭的話會爆紅，有三箭的話是遲早爆紅。但娛樂性、教育性、啟發性是環環相扣的，這意思是說，不是娛樂性比較低級，啟發性比較高級，而是三者最好能夠共存，唯有三者並進，效果才會最好，才是大師級的創作。

知道了「創作三箭」後，把它們背在身上，伺機待發，並且分享給你的同事、下屬、小編們，讓他們也背在身上，未來每次創作時都要謹記在心。我們可以把它們應用到各方面，除了「主動」從零開始創作之外，所有的「被動」內容呈現也要符合這三個原則，什麼意思呢？例如：

- 你的官網呈現是否有趣、能解決陌生網友的疑惑、有跟競爭者不同的地方嗎？
- 你的 Landing Page 是否夠吸引人、有部分的教學、以及是否觸動人心？
- 你的「關於我」介紹是否幽默逗趣、又忠實呈現專業、展現自我風格？

由於這些網頁是被動的等人來看，所以也別忽略這三箭的存在，而且，要在「黃金七秒」內就讓觀眾感受到——很不容易對吧？所以要持續內容優化：

① 娛樂性
就是幽默感。如果你沒有，可以靠「收集」而來。笑話不一定要原創才好笑，鄉民金句也可以反覆使用。

② 教育性
把你的專業用通俗易懂的方式講出來，讓大家都聽得懂。平日收集你目標受眾的常見問題，再把完美的答案寫出來，「直接問他們」才是又快又直接的方法。

③ 啟發性
這雖然比較難，但不用擔心，因為十分的人可以啟發五分以下的人，所以，就算你才五分，依然可以啟發一、二分的人。「啟發」其實是一種思想上的距離，啟發者和接受者的分數太近或太遠都不行，唯有剛剛好才會有啟發。所以事實上，不管你幾分，應該都會有可以打到的目標。

祝各位箭無虛發，百發百中！

提姆・厄本 Tim Urban
個人網站：https://waitbutwhy.com/（右上角有簡體中文版，可用微信看）

有場 TED 演講是史上最多人看過的教育影片之一，主題是關於人類的拖延症。說是教育，但這部影片也非常好笑，並深具啟發性。還記得我前面說創作的三箭：娛樂性、教育性和啟發性嗎？這個男人提姆・厄本就是三箭齊備的創作者。他的部落格「Wait But Why」每月有千萬瀏覽數，他把如此快速的成長歸功於社交網站的崛起和電子報行銷。他說，如果你持續產出好文，社群網站一定會推波助瀾，幫你接觸到至少一小群人，而部落客的 Email 名單比社群追蹤者更加重要，你一定要讓網友輕易的訂閱，並鼓勵他們把你的好文分享出去。

他在創辦「Wait But Why」之前，自己一人寫了部落格六年，後期他開始嘗試使用簡單的「火材人」（stickman）手繪風，獲得不錯的迴響。他把這種風格保留下來，覺得這種風格很適合他的寫作，而且圖像記憶比文字記憶持久，與其用再多文字講「拖延症」，也比不上他畫一隻猴子在你頭腦裡來得令人印象深刻，加上他本身喜歡帶視覺圖像的文章和幼稚的東西，所以一起把這些元素帶進他的創作。

提姆‧厄本給大家三點人生建議：

① 請努力思考自行創業還是為別人工作，你會比較快樂？這問題沒有想像中容易，而且不管你支持哪一方，都有可能非常對或非常錯，所以最好的方法是兩者都親自經歷再做決定。

② 嘗試忽略傳統的智慧，它會產生不必要的恐懼，也嚴重的落伍。替代方案是閱讀那些你偶像所寫的書，和他們如何面對職涯。

③ 你或許會覺得沒有工作、生活的平衡也可以很快樂，但這是一個陷阱。其實你也不需要「平衡」，你可以每週工作 40 小時，並且成為一個快樂多產的創作者。

有人問他如何寫出這麼好的長文，他說：任何人，只要有足夠的好奇心，充分的閱讀和質疑，都可以在最困難的概念上變得厲害。

2

什麼是內容行銷？
如何比別人好看九倍以上？

在網路行銷的世界裡，「內容行銷」恐怕是範圍最大的一個，定義廣泛，眾說紛紜，只要你的創作有被人看到，基本上你就可以說上幾句。這就跟只要交過男女朋友，就可以聊上幾句兩性話題；或是養育過小孩，就能暢談媽媽經一樣。也因為這樣，內容行銷到底是什麼？它的界線在哪？實在沒有人敢下定論——但哥就是任性的說，我認為內容行銷就是「先播種、後收割」的策略布局。一開始可能沒什麼效果，但種下的種子會隨時間熟成，一草一木，叢生直至涵蓋整片樹林。

簡單的說，一個行銷漏斗只有三部分：「被看見」、「感興趣」和「購買」，每種行銷方法都或多或少能幫助到這三塊。內容行銷特別棒的地方是，好的內容會讓人信服而掏錢，甚至不覺得「被廣告」，一旦爆發病毒式傳播，會覺得「這不分享還是人嗎？」

由於我們只有兩隻眼睛和一天 24 小時，在資訊時代，大概有兩億種東西要看，永遠也看不完。所以第一個問題是，我們應該看什麼？我的回答是「只看最好的」。假設台灣人平均一年會買票進電影院五次，請回想你過去進電影院看哪五部電影？是不是一些大製作、大明星的強檔大片？是不是那些以世俗眼光來說「最好的」電影？一年全球大概上映一萬部電影，但我們只看其中五部，這「萬分之五」的機率還只計算電影，如果把它換成出版品、音樂、傳媒或網路創作，就知道「被看見」的難度有多高。

思考我們為什麼挑這五部電影來看？原因不外乎是：

① 電視廣告打很大（企業廣告預算的投入）
② 朋友說好看（口碑介紹）
③ 因為它是續集（累積的力量）
④ 很對我的胃口（使用者分析）
⑤ 對明星的崇拜（意見領袖 / 代言人的魅力）
⑥ 被朋友揪（誤闖的概念）

當注意力變成稀有資產，若我們想「被看見」，可以參考上述電影的作法。有錢打廣告固然很快，但沒錢仍有沒錢的作法。

另外一個觀念是，「最好的」從來沒有標準答案，你的東西只要在目標對象（TA）的「可視範圍」內成為最好就夠了。就像如果全世界的棒球都停賽，那中華職棒就是最好看的比賽。

即使在 TA 的可視範圍內，還是有太多的內容會一起競爭，你要如何脫穎而出？你要如何比別人好？而且我們知道，人的習慣不容易改變，縱使是閱讀也一樣，你不能只比別人好一點點，那不夠讓人產生耳目一新的感覺。在《鉤癮效應》一書中，作者提及「你的內容必須比別人好九倍以上」才會被看到，但作者並未解釋該如何好九倍以上。我自己解題，如果我們把內容細分為九個面向，而每一個面向我們都比別人好一倍以上，九個面向加總就好九倍以上了，也就是全面性、壓倒性的比別人好，自然就能把注意力吸過來，做後續的洗腦動作。

想看看，哪九個面向？很簡單，內容行銷首先就是要被看到，因此所有可被看到的東西都可以優化，例如你的文案、圖片、影片、企業故事、產品優勢、使用者見證、教學、作品集、企業文化、員工活動、知識分享（不只九個了）等。把自己的公司放中間，以九宮格方式開始發想，你的產品可以產生什麼相關內容，這些內容又會對潛在客戶帶來什麼價值。換句話說，你先播下種子（撒下網），用大量、多面向的內容來吸引 TA，

把漏斗的**進水口**盡可能拉寬，讓更多水湧入，越多人看見你，你的內容製作成本會被攤得越低，然後希望他**一路走到底**，直接變成付費客戶。

接著想像一個魔術方塊，九宮格只是其中一面，也就是說我們可繼續延伸，再細分下去，把「文案」「圖片」「影片」放在九宮格的中間，以他們為中心延伸思考，不間斷的堆積下去。內容行銷不是單一事件，而是持續性的策略，然後這個魔術方塊的每一面開始轉動，你的內容開始交織，產生出不同面貌，產生源源不絕的行銷素材可以使用。種子長成需要時間，但如果你種得夠多，縱使有幾棵長壞了，還是會有足夠的開花結果，讓你的企業內容之林顯得茂盛，而且寫過的東西不會浪費，它永遠會是你的數位資產，只要持續累積，觀眾會越來越多，最後業績越滾越大。

3
創作者的一擊必殺技

在《故事如何改變你的大腦》一書中提到，請想像史前時代的人類只有兩個部落，他們競爭相同且有限的資源。一個部落叫做「務實人」，另一個部落叫做「故事人」，兩個部落從事的工作都一樣，包括打獵、採集、尋找伴侶、努力保護家園。故事人聊八卦、講故事、編造各種瘋狂的奇人異事，而務實的人埋頭工作，他們的狩獵時間更多、採集更多、求愛更多，直到他們筋疲力盡。務實的人不會把時間浪費在說故事上，然而，我們都知道故事的結局，雖然感覺不合理，但事實就是如此——最終是故事人獲得勝利。這讓我想到現在的電商生態，多數業者都很「務實」，不想浪費時間在說故事上，他們增加更多品項、拓展更多通路、投放更多廣告，就是不想花時間去製造各種瘋狂的驚人內容，去讓網友「聽故事」。如果要我簡化內容行銷對於品牌的重要性，我的答案只有兩個字：「生存」。內容行銷是品牌的生存關鍵，在一個相對短暫的時間軸來看，做內容是不務實的（這也是謬誤），但當你把時間軸拉長，內容行銷是唯一可確保你延續生命的最好方法。

內容行銷其中一項最有威力的正是「故事」，如果想要生存下去，必須先強化品牌的生命力。這是個「故事」當道的年代，什麼都要跟故事沾上邊，品牌要故事、行銷要故事、寫作要故事、演講要故事，但你去複述別人的故事絕不會精彩，分享自己的故事才會動人。但，朝九晚五的日子，哪會有什麼精彩故事？精彩的故事只會發生在勇敢探索未知、峰迴路轉的克服挑戰與起承轉合的劇情變化之中。

簡言之，故事不是用說的，是用活的，但活出人生精彩故事需要極大的勇氣，不是每個人都敢面對未知的，但唯有在未知和恐懼的另一面，才會有最好聽的故事。請你回想你人生中最驚險的一件事，當你敘述給朋友聽的時候，他們是不是都很入迷？第一個原因是你講的時候充滿飽滿的情緒，會讓這故事整個生動起來；第二是因為這不是件平凡的事，所以聽眾覺得新奇而感興趣。

當市面上每本書都在講述賈伯斯時，我看到都快反胃，一點新鮮感也沒有。若突然有本書講一個大家從沒聽過的英雄，這個故事就是好故事。故事最怕的就是陳腔濫調、一再重複，每個人都會背了，任何你從沒聽過的故事，加上敘述人情緒的渲染，都能引起觀眾的注意。

「新奇」「驚險」「前所未見」只是眾多好故事元素的其中幾項，當你看到一個故事，你很喜歡，你應該找出你為什麼喜歡，將背後原因拆解成元素記錄下來。可能是無名小卒的成長之路，最後贏了冠軍（周星馳很多故事都這樣）；可能是從高處摔下後再逆轉勝（食神）；可能是不同背景的人組隊打大魔王（少林足球、復仇者聯盟）。當你感到喜歡、喜愛、驚奇、WOW、聞所未聞的那一刻，把時間暫停，退後一步來看這個故事，用你最理性的腦，從感性中抽出，去分析這一刻為什麼讓你覺得高潮感動、好看、WOW！

因此，你要做很多「感動時刻」的筆記，在每一次筆記的過程中，會慢慢改變你的大腦，漸漸把自己訓練成「故事大師」，接著你就可以改造你自己的人生故事，套用這些元素到你不同故事的說法，在敘事上持續優化。也就是說：

拆解＋分析＝進步

有人做過一個實驗。他們分析 YouTube 上觀看人數最高的影片，並把「影片」拆解成不同的部份，例如畫質、收音、剪輯、背景、燈光、主角外表等，把每個因素攤開來比較，發現很多人誤解了一些現象。例如影片的「收音」比「畫質」重要性高

出兩倍，而其中還有另一項因素特別重要，大約是十倍的距離，那就是「故事」。也就是說，「說故事」完勝所有元素！講誇張點，甚至可以無視畫質、收音、燈光、背景、剪輯，只要你的故事好聽，就會有觀眾了。不信的話，看誰要做個實驗，做一支 YouTube 影片，主題是「我親身經歷的鬼故事」，畫面暗暗的，用一枝點火的蠟燭當背景就好，移除所有元素，什麼都沒有，只有「故事」本身，看會不會有人來聽？

一個元素抵過十個元素，所以你不如把時間花在記錄點子，練習如何說故事、如何敘事、寫出好的腳本，才是創作者、YouTuber 最划算的投資。別人可能花比你多錢投資設備，用了四支最貴的燈，在專業的攝影棚錄影，結果觀看人數還不到你的十分之一。當他們去看你的影片，發現只有一枝蠟燭，他們絕對一頭霧水，搞不清楚你怎麼辦到的……

4
你有自己的「內容精選輯」嗎？

工作的時候我很愛聽 Spotify，它們跟唱片公司談下許多授權，上面有很多歌手的專輯。初老的徵狀之一就是覺得「還是老歌好聽」，於是我把記憶中 80、90 年代的歌手全掃了一遍，例如杜德偉、許茹芸、巫啟賢等，把他們經典歌曲重聽了一遍，最後——有了這篇文章。

我常說身為創作者，大眾是以你的「代表作」開始認識你，一個歌手（或任何形式的創作者）一定要有代表作，代表作不必多，但一定要精彩，就像歌手黃大煒唱紅一首歌《你把我灌醉》，也讓大家認識他了。你也許可以倒過來想，若是你闖蕩網路已久，但久久不為人知，是否因為缺乏生涯代表作——那關鍵的一擊，那廣為流傳、長青、具感染力的創作品。

不管是部落客、YouTuber、還是各領域的內容創作者，日常工作就是「創造新內容」，因為他們認為新內容才會帶來流量，才能留住讀者，或才表示自己站在時勢上，所以在時間的分配

上，多數選擇去做「新」的內容。但我想提醒大家一件事，「新」不一定等於「好」，「好」才等於「好」，這不是在玩文字遊戲，我的意思是，呈現「好」的內容比呈現「新」的內容更重要，特別是對不認識你的網友來說。想想當初你是怎麼紅起來的，哪幾篇文章被瘋傳、增加你的名聲、為你帶來新的陌生讀者？這些文章有擺在最顯眼的位置，讓它繼續為你帶來名氣，發揮最大效益嗎？因為既然它有用，為何不多用，而是把它封存在某處呢？

把這些好的文章集結起來，就是你的「內容精選輯」，請大力的去推廣他們。就好比我也只聽杜德偉、許茹芸、巫啟賢的那幾首歌，如果陌生網友因為你的這些代表作而喜歡你，他們自然會去 follow 你，看你最新的文章。這概念是用你「最好的」去勾引別人，而不是「最新的」。

創作者常會陷入一種迷思，「寫過的就寫過了」，意思是就從此不再碰觸那個主題，而把心思用於創作別的主題。這不僅是錯誤的思考，也是非常可惜的創作路線。回想我生涯的第一篇網路創作（寫出來發布於公開網路上的文章）是〈一字人生〉，發布時間是 2000 年 7 月 22 日，當時我 24 歲，剛出社會，對人生有很粗嫩的體會。13 年後，我回顧自己的看法，並寫下了

它的續篇〈捨之初體驗〉——雖然不一定稱得上什麼代表作，但我想表達的是，身為一個創作者，千萬不要有「寫完就拋棄」的想法，應該回頭看看之前寫過的東西，看是要修改、延伸、優化、開外掛、幕後花絮，還是收編進你的「精選輯」。除此之外，我還有很多其他的案例，我自己會不時的回顧，然後若有所感，就會寫下相關的文章。

創造新內容讓人備感壓力，因為要求快求新，品質方面可能就會犧牲；但回顧、優化、維護舊內容則沒有時間壓力，可以慢慢來，一篇「好」的文章應該能永保長青，八年前寫的擺到現在來看，依然夠「好」。我們身為創作者，要儘量把「好」的優先順序放在「新」的前面，縱使你面對各種產出新內容的壓力。

以部落格來說，將你的文章精選輯另開一區，可以稱之「站長精選」「建議閱讀」「人氣最高」等，如果你想快速讓陌生網友認識你，也可以開一區像是「關於我特輯」「認識站長必讀的五篇文章」，名稱可以自己再想，重點是讓大家快速認識你，而且接觸點是你寫過的最佳幾篇文章，或你想呈現給大家的最重要幾個觀點。Google Analytics 可輕易查詢你網站上最高人氣的是哪幾篇文章，把它們整理出來，讓它們繼續發揮效力。

以影片來說，一樣可以用「最火紅影片」來當初次見面的接觸點，在 YouTube 頻道上，可鼓勵初訪者從「排序依據」→「最熱門」開始看起，或是嵌入前幾名的影片到你的網站上，要看更多則再連回 YouTube。

創造新內容縱使重要，但請不要離舊內容越來越遠，特別是那些**光榮**的好內容、足以代表你人品或能力的好內容，請找機會讓它們重見光明，你會發現它們依然有效，甚至比新內容還有人氣。

5

一舉數得的文章類型
——專家訪談

創造內容是個人品牌最重要的一件事，也可能是最耗時的一件事。既然耗時，那以數學和理性的角度來說，我們就必須知道「該寫什麼」比較好，假設你的專業是「視覺設計」，在有限的時間下，你應該選擇寫……

A 「十個視覺設計者的免費資源網站」
B 「台北市長選舉競選人的視覺設計」

假設只能寫一篇，寫哪一個比較好？ A 還是 B ？

答案是 A，因為它跟時事無關，屬於「非時效性」文章，不管明天還是十年後，這樣的文章都會有人搜，所以他是屬於**搜尋打底**的內容策略，放在網站內，這些內容會「生利息」，讓你的 SEO 變好。

反觀 B，也許短時間可以幫你衝高流量，但它是有「時效性」的，選舉一過，這篇文章的關注度會下降，搜尋不易，因此流量也會下降。「時事文」屬於**嘗試隆起**的文章類型，但無法保證能讓你的內容增值，累積 SEO 效果。

其實有另外一種類型的文章，它甚至比 A 更好，而且可以加上一點點 B，好處不僅僅是增加流量，還有更多對發展品牌的優勢，那就是「專家訪談文」。什麼是「專家訪談文」？就是你當一個提問者，然後到處去請問專家，讓這領域的專家回答這些問題，你再整理成自己的文章。舉例來說，我曾經在2013 ～ 2014 年間做過一個《部落暢快談》的企畫，每週五我會上一篇與知名部落客的對談。我總共訪問 20 名部落客，問了幾個主要問題（例如：做了哪些具體的事讓流量／名氣暴衝，部落格收入有多少等），再依每位部落客的背景和主題提不同問題。這個企畫我花了半年多的時間完成，真的挖出很多好東西，對部落格或個人品牌發展很有幫助。

不只這 20 篇訪問，最後我發現「專家訪談文」有很多好處，讓我們一一來看：

歡迎點閱《部落暢快談》

① 品牌哄抬

這是最顯而易見的好處。「當主持人」是成名最快的捷徑之一，觀眾可能不認識你，但可能認識受訪者。以我遇過的 20 位受訪者來看，很多人都比我名氣大，所以我去訪問他，是沾他的光，他講的東西變成我的內容，然後這些內容讓我得利。有沒有像是得了便宜還賣乖，買一送一的概念？所以若可以採訪「比你紅」的人，一定要好好寫、好好把握這種機會。在我完成《部落暢快談》之後，有位部落客也想來採訪我，而且我是「第一集」來賓，但我沒接受。第一、他沒有名氣。第二、我跟他不熟。第三、我自己剛做完一樣概念的東西，所以如果你也有此計畫，就要好好規劃，不是你想做就做，也不是想邀請誰就能邀請到誰。基本上，你（媒體）越有名，做這件事就越容易。

② 增加流量

寫出有料、對人有幫助的文章，自然就會產生流量。再來，因為有寫到名人，你可以要求他們也分享該文章，雖然他們不一定會全數答應，答應最好，不答應也沒關係，因為他們的粉絲看到後也會分享出去。另外，因為你問的題目都圍繞在同一領域，甚至使用同樣句型，你會用到許多相關的內容及關鍵字，在 SEO 的排名上會大大加分，而且因為是問句（例如部落格

可賺多少錢？），搜尋流量也會變多（符合相同字元）。一篇好的專訪，加上雙方都是名人效應，很容易爆量形成病毒文。

③ 自我充實

成功人士的背後都有一些道理和方法，他們不說——很可能是因為沒人問。當你問出好問題，多數人還是願意分享答案，我相信「人性本善＋分享的成就感」，當你身處第一線，和他們面對面交談，自己一定是學習最多的那一位。我在做《部落暢快談》的期間真的學到不少，甚至有些東西不方便公開寫出來，那些「好康」就只有我一人知道。就算最後文章沒啥流量，你自己也學到不少，簡直百無一害——唯一的缺點就是很花時間，但寫好文章本來就會花時間。

各行各業都有專家，不管你是哪個領域的部落客，都可以做這個企畫，寫出一系列的「專家訪談文」。我規劃五個立馬可行的步驟如下：

① 確定專業領域

就算你的部落格有很多主題，也要先鎖定一個最主要的。例如「烹飪」「育兒」「露營」「繪畫」「網路行銷」「財務規畫」「職場」「影評」「靈修」等。

② 列出專家姓名

把你想到的人全部列出來，全部。當然不可能全部的人都會接受你的採訪，但現在不可能，不代表未來不可能。當你越來越紅，節目越來越多人看，就可以再試一次，名單卻不必再列一次。

③ 想出好問題

這一點是比較困難的。一個好問題的特徵是「不落俗套」、「需要深思」、「能展現個性」、「一看就很想回答」，要列出這些好問題，並逐字逐句修改成最佳問法，「什麼是好問題」和「最好的問法」都要花時間設計。

我舉個例子：提摩西・費里斯（Tim Ferriss）在他的《人生勝利聖經》訪問許多名人，他想了解這些名人平常都看什麼書，所以他費盡心思去設計出一個「好問法」。

一般來說會問：「請推薦幾本好書」或是「影響你最深的幾本書是？」但他把問題設計成：「如果你要買書送朋友，會買哪一本？」這樣一來，受訪者就會真正去思考什麼是好書，而且是他們不惜花錢買來送人的好書。

④ 先找實驗對象

假設你預計做十集，先從最熟悉的那位開始做起，這樣才會越做越好。

⑤ 辛苦自己、造福別人

這是本企畫的最高原則。「辛苦自己」表示自己多做一點，我在做《部落暢快談》的時候，先將問題寄給受訪者，然後請他們口述，我再用錄音筆錄下來，回家邊聽邊打逐字稿，然後再潤稿修飾，而不是直接要求他們寫一千字回覆我。如果是後者，我想受訪者心裡會 OOXX 吧。貼心的去幫別人著想，這是你的企畫、你的內容、你的資產，你要付出多一點。「造福別人」的概念是，你要說服他們一起呈現好的內容，這是為了普羅大眾的利益，他的口，藉由你的手，來改變讀者的心。多偉大的一件事啊！

最後就是內容的呈現水準了。文字或影片？長度？端看你自己的要求有多高，這些「專家訪談文」就像一位廚師手中縱使有食材，但料理功力也有高下之分。

「一個好的專家訪談內容，對於讀者、主持人、受訪者來說都是贏、贏、贏的局面。」

集各家心法於一身的人體白老鼠

提摩西・費里斯 Tim Ferriss
個人網站：https://tim.blog/

提摩西・費里斯是美國暢銷書作家、新創公司天使投資人。他主持的播客節目《The Tim Ferriss Show》超過三億次下載。他自稱是「人體白老鼠」，總愛親身去實驗不同的事物，出版第一本書《一週工作四小時》後開始爆紅，這本書是他的親身經歷，也是他個人職涯的轉捩點。由於他高度的實驗精神、自律和刻意練習，講到「個人品牌」的成功案例，還有誰比提摩西・費里斯更具資格？

他到目前為止出版了五本書，做過三百多集的名人訪談播客，其中與許多能人異士對談，且持續整理自己的內容菁華（再將之出書），不斷嘗試新奇事物，沒有因為成功而停下腳步。

我們可向提摩西・費里斯學習的是：

① 鎖定一種內容型態，然後堅持一直做下去。提摩西・費里斯錄製播客，特別是名人訪談內容，每集長度平均兩小時。

② 善用「名人訪談」，快速衝高自己的產業位置和專家形象。

一開始自己不有名，可能邀請不到「知名人士」。但沒關係，先以「內容實用性」取勝，隨著自己名氣慢慢提升，收看人數提升，來賓就會變得更好約。現在有人說提摩西・費里斯是「播客界的歐普拉」。

③ 不要停止嘗試，在各階段都一樣，不管有沒有成功，「嘗試的形象」「你努力的樣子」都會被粉絲看到，都算是加分的。

④ 建立 Email 名單──這重要性還需要我多說嗎？

⑤ 把做過的內容定期整理，擷取當中的菁華部分來出書。

6
影評是百搭因子

所謂的「百搭因子」，就是不管你寫什麼主題，都可以用來吸引流量，例如美女。不管寫什麼領域的內容，或做什麼領域的網站，只要打出美女牌，就會有人看。但有沒有一個稍微**有深度**的百搭因子呢？有的，那就是「電影」。

人類有聽故事的基因，所以每個人都喜歡看電影（或類似的影集），而電影本身又不斷的推陳出新、與時俱進，也就是說，若你是電影部落客，會有源源不絕的新題材可以寫，而且一定有人看。寫電影評論比時事評論好，因為前者爭議性比較小，後者若操弄不佳，很可能一夕之間失去許多讀者，風險比較大。電影人人愛，又比較生活化，看懂的人比較多，受眾群很大，特別是一些商業大片，和那些續集電影，還有效果疊加的好處，例如你寫過《復仇者聯盟 1》，之後再寫 2 或 3 時，第一篇又會被看到一次。

如果你寫的題材很硬，那更應該搭上「電影」來將之軟化，也就是通俗化。例如「泛科學」是一個科普網站，但他們很會搭上電影來撰寫科普知識，所以你會看到：

「神力女超人的身材跟能力不科學？那是因為你漏看了她科學的那一面」
「才不是大白鯊的等比放大！《巨齒鯊》真實樣貌解析」
「如果地球是個硬碟，生命如何創造資訊彼此溝通？《阿凡達》展現的生態文明」

因為這個主題太好用，他們甚至開了個文章分類叫做「電影中的科學」。

如果連科學這麼硬的題材都可以結合電影，取得大眾注意力，那可以說任何題材都能這麼做，你是否可開個分類叫做「電影中的美食」「電影中的穿搭」「電影中的心理學」「電影中的管理學」「電影中的兩性學」等，無論你的創作是什麼主題，都可名正言順的來寫影評。有深度最好，如果真寫不出什麼深度也沒關係，光是劇情介紹、觀影心得、延伸人物或相關作品（其他電影），也還是會有人看，至少流量方面會比一般文章好。

常寫影評的人，有可能會被電影公司看上，放入他們的媒體名單，每當有試映會時就會 Email 邀請函，告訴你地點及時間，這樣你就有看不完的電影，而且還是在正式上映前幾天，比你的朋友都更早看到。一開始，當然你不會平白得到這樣的機會，但先累積一定數量的影評後，便可主動去接洽電影公司，要求他們給你機會。建立良好關係也是需要時間的，一開始，你只能自費，但以「廠商機會」「免費換文」來說，電影應該屬於最簡單的了。

寫影評能有多大收入呢？免費電影當然只是皮毛，影評部落格寫到一定程度，流量算是不錯的，可以因此流量變現。一個日流量一萬的網站，平均收入在兩萬上下，如果你是兼職的，這點外快也還 OK；但如果你是全職的，可能還要想辦法用其他方式變現，也就是內容變現、專業變現或品牌變現。我很常提到一位「多多看電影」，專心看電影、寫電影，短短一兩年內就衝出高流量，光靠網站收入就年收百萬以上，最近還開了一間工作室，準備擴張電影相關事業版圖，實為「流量變現」的最佳參考。最簡單的「內容變現」就是收費寫影評，這當然不容易，但還是有可能的。業界的指標性人物每篇影評不時會收費，等同於業配文。

「專業變現」呢？很久以前有個電影部落客叫做達雞，本名楊達敬。因為人長得帥，口條又好，加上擁有豐富的電影知識，於是進入某家電影公司工作。電影公司常為了宣傳，會邀請片中明星來台灣參加試映會，試映就需要一個主持人。為了省錢，該電影公司請自家員工達雞來主持，沒想到主持得非常好，對該明星演過的電影、角色如數家珍，讓這些明星們都佩服，進而取得對他的好感，指定未來還要他來主持。楊達敬就這樣一路主持試映會，到後來主持了第 51、52 屆金馬獎的紅毯，而他的頭銜正是「專業影評人」。此外，電影領域的專業變現還包括當評審、出席記者會或當電影公司顧問等。

很多人看完電影就完了，懶得再寫評論（例如我），因為看電影本就是一種消遣，何必把它當作工作？另外，可以寫的題材太多了，可能不想去寫這種通俗的題材。沒錯，影評就像美食、旅遊，是屬於進入門檻較低的寫作題材，但這不表示它沒用，事實上它**很有用**。我寫過的影評，流量都很高，也引起不小的互動討論──其實我應該多寫一點的。

最後，影評的深度範圍很大，產出（output）的前提是要輸入（input），如果你本身喜歡看電影，都花兩個小時在 input 了，何不再花一小時 output 呢？（同樣道理，也可「追劇變現」）。

假設你一年內能寫出兩百篇影評，約兩天寫一篇，一年後這個網站可以保證有流量，我問大家，除了電影，還有什麼能「保證」一個新網站的流量呢？我想並不多吧。

要不要從現在開始，把影評當作你的新文章分類呢？

7

寫書評和舉辦讀書會的好處

在網路上寫什麼能快速建立「專家形象」？這裡再來講一個，
就是「寫書評」。

假設你想成為生酮飲食的專家，你可以去買、去借、去書店站
著把市面上關於生酮飲食的書全部看完，然後寫出你對該書的
心得。這樣會發生什麼事？假設有個人剛開始認識這個概念，
他的資訊來源非常可能是「書」，所以他上網 google 這本書，
然後就會看到你的書評，把你當成這領域的專家。假設在市面
上共有十本生酮飲食，而你十本都有寫過書評文，至少在實體
書的閱讀者中，你很可能抓到滿多目標族群的，是一個抓好抓
滿的概念。我們繼續延伸下去，當他想知道更多，或有問題想
問時，由於讀者無法或不好意思直接聯繫該書作者，他可能會
連絡「部落客」或書評的作者，也就是你——那不就剛好無縫
接軌了嗎？繼續下去，這些關鍵字、關鍵作法，在網路上你甚
至比該書作者還強，有點像是作者在 offline 努力耕耘，但你卻
在 online 收割，因為網友的**最後一哩路**是你。

你的部落格裡面，當然不能只有書評，你也必須寫更多生酮飲食相關的內容，如果你言之有物，確實是個專家，非常有可能會被出版社看上（因為出版社也會 google 他們的書評），他們會開始認識你、follow 你，說不定會喜歡上你，然後……幫你出一本書。

當你寫了足夠的書評後，你基本上也內化了十本生酮飲食的書，不是專家都變專家了，真的可以出書了。而且你還可以寫過別人沒寫過的觀點，從新的角度切入，令人耳目一新，假設又得到出版社的首肯，你又是本土作者，有「讀者基底」，這本書還滿有希望的喔！十幾年前我在出版《部落客也能賺大錢》之前，就把市面上所有關於部落格行銷創業的書全部看過，才開始動筆，所以我常跟別人說：「創作是從閱讀開始。」你看的書越多，創作品質就越好。

寫過很多書評的人，有可能會被出版社列入「公關名單」，也算是「贈書名單」，每月他們 Email 關於新書的資訊，如果你想看，他們就會免費寄給你，交換你的媒體宣傳及曝光，有可能是寫成一篇專文或在 FB 上廣告。每個月都有新書可以看，這算是一個額外的福利，就跟電影部落客常被邀請去試映會，可以免費看最新的電影一樣。我幾乎是每週都有新書可看，甚

至根本來不及看完啊！

寫完書評的下一步是什麼？就是辦「讀書會」。先從舉辦實體讀書會開始，一開始人數也許不多，五個、十個人都 OK，這是你從 online 打回 offline 的第一步，所以一開始採取小步伐就好，當成你操作實體活動的練習。舉辦讀書會，你至少要「準備」，可能是一份簡報，可能是拋出議題讓大家討論，甚至是一些互動的小遊戲。在準備的過程中，你會更熟悉這本書的內容。在讀書會的現場，你將與網友面對面培養感情，深化連結，如果你在讀書會表現精彩，讓來賓感到物超所值，他們可能就會變成你的鐵粉。下一次的讀書會，這些人就會變成「基本固定來賓」，慢慢累積這些觀眾，就不怕讀書會沒有人來，當人數越來越多，你一來可以抬高入場費（賣更貴），二是辦得更頻繁（賣更快），三是可以舉辦其他活動（賣更多其他東西）。

在讀書會訂價方面，由於初期目的不是要賺錢，是要磨練你的活動籌備、演講、簡報、運課、臨場反應等技巧，常見的收費標準是 300 ～ 500 元，含一杯飲料，長度約 2 ～ 3 小時。來賓可以聽到這本書的精隨，和你的簡報課程及個人魅力。經過多次的讀書會，你會有以下收穫：

① 對書的內容理解透澈，並可以用自己的話說出來

② 很多為讀書會所做的簡報，雖然只**正式**用過一次，但可以累積當成未來的教學素材，或放在任何適合的場所

③ 簡報功力熟能生巧，將「看書＋做簡報」SOP 化，把時間放在別的地方

④ 慢慢累積粉絲。一開始人數少，但藉由口碑效應，人數一定會成長

⑤ 賺點小錢

⑥ 在現場，你無疑就是 No.1 專家！（去習慣當專家的感覺）

「寫書評＋辦讀書會」是一組不錯的個人品牌策略，請大家也務必試試看。

8
網站流量大補丸──
「常見問答」（FAQ）

這部分無論你是新手或老手、個人或企業都受用，光這一招就可以讓網站流量大增，而且屹立不搖，SEO 永不墜。哪一招這麼厲害？答案就是「常見問題」（FAQ）。

作法講起來很簡單，不管在什麼領域，你就一直列問題清單，能列多少列多少。假設你列了 50 個常見問題，然後再針對這 50 個常見問題去寫出最棒的解答，就可以寫成一篇文章，例如：

- 養柴犬的 50 個常見問題
- 兼職創業的 80 個常見問題
- 網路行銷的 100 個常見問題

或是直接把「常見問題」獨立出來到首頁的一個大選項，把這一頁當做網站的「柱子文章」，意思是網站中最重要的流量來源之一。因為這一頁的內容會越來越多，只要一直「列問題、

回答問題」，單看這一頁的流量飆升，整個網站的流量也水漲船高。

如果是企業網站，把使用者會問到的問題全部寫出來，再給他們一個搜尋功能，就可以讓他們自助去找答案，省下一部分客服成本。所有大公司都一定會這麼做，各行各業如 Adobe、Dropbox、國泰世華等。如果企業都這麼做，我們個人網站為何不這麼做呢？

總結一下文章以「問答」的方式來寫有哪三大好處：

① 讀者的使用者經驗較好
他們不必看長篇大論，只要看需要知道的部分就好，而且就算他們想全部看完，一問一答的文章結構比較清楚，也較容易吞食。

② 快速建立你專家的形象
誰有資格回答問題——專家啊！當讀者看到你列出一百個問題，而且竟然全部都可以漂亮回答，你不是專家誰是專家？

③ SEO 大加分

每天可能有許多人輸入「如何養柴犬」「如何兼職創業」的字串去找答案，而你的網站、網頁中有 100% 符合這些字串的內容，Google 則會認定你提供了解答，於是把流量倒給你，把該網頁的 SEO 提升。這一點不只現在重要，未來更重要！因為未來是「語音搜尋」的戰爭，Google 只會給使用者最佳的「搜尋結果」，也就是第一、且唯一的答案，若你的網頁上有完美解答，你就是唯一的流量收割者。這個叫做「精選摘要」，關於如何勝出，可參考 Google 的官方說明。

無論科技如何變，「搜尋找答案」這行為都不會變，如果我們網站裡充滿了答案，而且是最好的答案，鉅細靡遺、全方位的答案，那老天（= Google）有眼，將明察秋毫，遲早會把流量給我們。所以如果你剛開始經營網站，或是已經卡關很久了，「列問題清單」就是你隨時都可以做，隨時都可以讓流量起飛的事情，而且幫助別人這個過程本身就很有福報不是嗎？

針對你的專業領域，能列多少是多少。當想不出來時，可以再利用以下這三個方法：

① 善用 Google 的熱搜結果

除了大家熟悉的「搜尋框熱搜字」外，還有一個更好用的方法，不過需要一些英 / 中的轉換。假設我的網站是寫關於減肥的主題，我到 Google 去輸入 "How to lose weight"，會看到下圖：

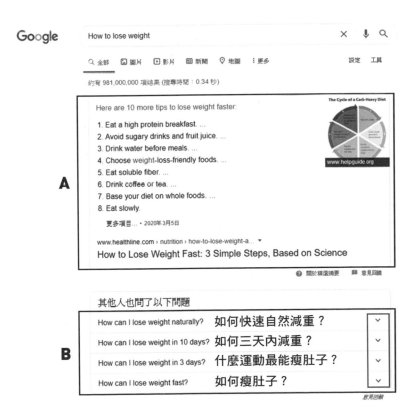

A 區就是精選摘要，也就是 Google 認定最好的解答，這裡網頁的流量十分驚人，如果該網頁上有放 Google 廣告的話（當然有），收入也很驚人！B 區就是相關的問題，以及他們的最佳解答網頁。目前以台灣的搜尋結果來看，都還沒有 B 區，而這正是我們的機會！怎麼說呢？Google 是全球性的服務，新功能都會在英文網頁先推出，然後等到該功能修正調整一番後，再推向全球，也就是說，目前台灣沒有 B 區，但未來一定有，所以若我網站是寫減肥的，我不知道有哪些問題是最多人搜的，B 區不就是了嗎？所以你只要會一點英文，或直接把中英翻譯一下，就知道在英文的世界，最常見的問題有哪些，你再把這些問題寫成中文，然後針對他們去寫內容，等到 Google 決定開放這功能後，你是「坐 B 望 A」啊！所以趕快決定你要搶占哪些關鍵字，馬上就可以開始寫了。如果你嫌不夠，綠框箭頭點進去還會看到更多相關問題，就怕你寫不完。

② Answer The Public

這個網站很酷炫。免費版一天只能搜一個關鍵字（但沒關係，可以明天再來），它會針對「Google 熱搜字」把所有熱搜字串一口氣全列出來，提供你免費的 excel 下載，你把 excel 檔案上的字串全部複製起來，貼到 Google 翻譯成中文，然後你就會有了一個「熱搜字串清單」，只要文法稍微改一下，就成了你

的待寫文章清單，不但方便，而且這些問句已經被證實**很多人搜過**，你只要一篇一篇去回答，中獎的機率都很高。這個網站非常適合寫教學文的朋友，因為它所列的熱搜字串就是網友在某關鍵字上的「常見問題」。雖然它是英國網站，所收集的大數據資料也是英國網友貢獻的，但全世界大家搜尋的東西都差不多，在英國有用的，在台灣應該也會有用。

③ Quora

Quora 就是美國的知識家，當你輸入 "lose weight"，就會出現很多網友的問題，還可以看到有多少人在 follow。follow 就代表關心人數，你可以從 follow 數多的開始寫。各國的知識家其實都是免費供應好題目的地方，Yahoo 知識⁺、百度知道都可以給你很多「題庫」，選幾個你有把握回答的，先把題目給列出來再說。

一開始，我建議你先列十個**大的**，也就是最常見、最多人問的，加上你可以立即回答的，每則題目的標題要精準、精簡，不要拖泥帶水，要去想網友會輸入怎樣的字串去找答案，像是「如何○○○」「怎麼才能○○○」這種是最普及的「網」，可囊獲最大面積的「魚群」。每則答案都要完整解答，不要寫太少，至少五百字以上吧。假設你有十題，乘以五百字，這頁面上就

有五千字了，足夠讓 Google「看見」，說不定只需十題，你就有 SEO 能見度了。（但這真的不一定）

當你抓到寫作節奏，可以再列 30 題，一個月完成它，也就是每天解答一題，然後再 30 題，隔月再完成它。你所解決的每一題都是競爭者的門檻，當你有了一百題的常見問答集，後來要進入這領域的人就很難跟你拚了，每一題就像是你一磚一瓦建立的護城河，Google 還會幫你加速這個過程。你是不是迫不及待要列清單了呢？

你可能會問，如果題目很相似怎麼辦？例如：

- 「養柴犬的常見問題」
- 「如何養柴犬」
- 「養柴犬要注意什麼」
- 「養柴犬須知」
- 「我適合養柴犬嗎」

假設你列了上述的五題，那寫的時候要分五題，還是就全部集中在「如何養柴犬」之下？答案是不一定，如果是我的話，我會先把問題分類，把「柴犬」放入九宮格的中間，再把它周圍

分成八大類，假設是「食」、「衣」、「住」、「行」、「育」、「樂」、「費用」、「其他」，再把我的問題列表一一歸類，不確定哪一類的就放「其他」，然後到時候再把這一頁變成目錄，就像是一本書一樣。這樣的內容策略叫做「Content Cluster」（內容類聚），是目前「單頁 SEO」最好的一種，但前題就是內容的質和量都要夠，而我覺得「常見問答」就可以完美符合。

收集問題、列問題清單是每個創作者都要做的功課，與其毫無頭緒的亂寫一通，不時還缺梗，倒不如把「問題清單」當成你的「寫作清單」，當你想放鬆、換點花樣的時候，再去寫一些有的沒的。特別是對於新手來說，網站的初始流量是最難的，而「問答」類文章，或「常見問題」頁則是一條**努力必有回報**的路線，不妨先從這裡開始。

9

重新規劃舊文的
三種簡單方式

有些人看部落格，有些人看 YouTube，有些人聽 Podcast，有些人看書，有些人上課……每個人吸收資訊的方式都不同，這也是為什麼你的內容必須再利用，以不同形式的呈現，在不同的平台露出。如果你寫了一千篇部落格好文，那些只看 YouTube 的人不會看到，所以為了要擴大收視率，接觸到新的觀眾，你必須把部落格內容轉換成 YouTube 影片，這些內容的核心不變，因為它們是你的精華，變的只是格式和位置。這樣的「內容重製及轉換」，英文叫做「repurpose」（重新規劃）。若想贏得個人品牌這場戰爭，內容轉換不是你想不想、或有沒有時間做，而是你非得做，否則將會漸漸失去能見度，最後被後進者以及那些跟上時代的競爭者給「複寫」過去。

當重新調整內容的用途時，你可以根據不同的目的進行調整，但核心理念要保持不變，讓知識宇宙保有一致性，這些人看了每部影片之後，可連回你的部落格繼續看。真的不需要每次創

作都要是「全新的東西」，可以把一個概念、一件事、一個故事琢磨再琢磨、優化再優化，主題重複講述是完全 OK 的，因為不會有人看過你全部的東西。如果有，他們也一定是鐵粉，不會介意，因為他們知道你還是會創造新的東西出來。

內容的重新規劃也不一定是從文字轉影片，當然也可能反過來。不過通常來說，文字是創作的最低門檻，就算你拍影片也要先寫下腳本，錄 Podcast 也要有講述人綱，所以我們就以「文字轉出去」為例，提供大家三種輕鬆的內容再製創意和方法。如果你曾經寫過很多篇部落格文章，其實馬上可以開始做了：

① 從文章中擷取重點或金句，配一張圖片後放在社群網站上

大家都在瘋 Instagram（IG）。但如果你不美，無法用顏值去跟那些美眉拚，雖然想玩 IG，但又不知道要放什麼？不如就放自己的語錄，把你某篇部落格文章的金句放在一張適合的圖上面，然後角落放上你網站品牌的浮水印，讓他們主動搜尋，嘗試引流回來（IG 不能放連結，除非付費）。「圖＋金句」這一招若做得好，打中目標族群，就會造成大量分享，LINE 上面的長輩圖正是如此，這些圖片做好以後，當然也不只可以放 IG，也可以放 FB 粉絲團（或好友、社團），也可以做成 50 個重點的「合輯」，做成影片放 YouTube。

因為社群網站很重視互動，所以也不一定每篇都要說人生哲理，你也可以問大家「您同意嗎？」「A 或是 B」，下面的留言越多，這則貼文的觸擊率就越大，如果你覺得光貼重點或金句都沒什麼反應，不如改變一下策略，貼一些心理測驗或芭樂題目，讓讀者們去互動。

② 把文章用念的變成有聲書，或是 Podcast
文章都寫好了，只要逐字唸出來，你就有了 Podcast。假設你已經寫了一千篇，抓一半適合講述的好了，你就可以有五百集的 Podcast，每天更新也可以用五百天。你一天保守估計可以唸十篇沒問題吧？也就是說，在已經有文稿的狀態下，你一天就可以製作十集 Podcast！因為這是內容再製，而不是從頭開始想，聽起來是不是很容易、很有效率？

你說你的聲音不好聽，但我倒是覺得不必介意，因為連《食尚玩家》配音員阿松都可以靠台灣國語紅了，其實任何人都可以的。我記得某位網紅的語氣也很平淡沒特色，把她的文章逐字念出，變成有聲檔，讓她的訂閱者免費下載，你也可以這麼做。例如每篇部落格的最後，提供 MP3 檔的下載，或是把聲音檔變成一個 lead magnet（名單磁鐵），來交換網友的 Email，總之這些數位資產都是你的，看你如何利用。每一集的前面都要

把你的部落格名稱說出來（不要在後面說，因為他們不一定聽完），這樣才有品牌洗腦的功效。而當你的**聽眾**越來越多，就可以考慮**原創**內容，甚至請來賓和你對談，真正的把 Podcast 當成主力媒體來經營。

③ 把文章重點變成簡報，夠多了以後就變成課程

每篇文章都至少要有一個重點，能解決一個問題。把它轉成一張簡報，不用太多敘述，用最精簡的文字呈現，少即是多，確保你之後看到這張簡報時，就可以說出很多話。一張簡報平均來說，要說至少兩分鐘的時間。當你把一百篇文章的重點換成一百張簡報，基本上你就擁有了足以開課的簡報數量。

我自己課程的簡報數都在一百張左右，不過光有數量還不夠好，一個課程要好，首先要有一致性的主題，確保融合你的簡報時不會有違和感。再來要有「架構投影片」，例如書的每個章節；接著就是增加「故事」和「笑點」，最後是「實作」和「運課」。一堂課程的八成投影片都是「知識類」，而這些知識內容怎麼來，其實拆解成小部分，就是你平常所寫下一篇又一篇的觀點，當你的文章量寫得夠多，自然就會形成一個龐大的知識體系，然後再以「課程」的名義把它統合起來，就可以拿出去賣錢。

在推出課程之前，這些投影片還能如何幫助你呢？只要有十張以上，你可以把它們做成 FB 相簿，用相片的方式在社交媒體上與人分享，又或者是放到 SlideShare 這個網站給人下載，要記得前後都要放上你品牌的浮水印，這樣才有品牌認知度，當然你也可以在相片敘述中放上你的文章連結，達成引流的效果。不過 FB 若放連結，觸擊率可能會變低。

當你有了 20 張以上的簡報，可以再來做一個 FB 直播，利用 OBS 或 StreamYard 軟體來開設免費的「微課程」，這除了增加粉絲互動、建立專家形象外，也可以測試未來你開課會不會有人來，如果你的直播是開在粉絲團裡，你是可以針對「看過直播」的人來投放廣告的。在直播中你也可以得到粉絲反饋，或收集到很多常見問題（＝他們的痛點），這些對於未來開課規劃內容時都很有幫助。

「內容重製」應該要這麼想：你要去服務那些不看部落格的網友，去配合他們喜好的學習方式。因為你已經有了「核心內容」，你不用花太多時間就可以「複製一份」，接觸到一群新的觀眾，你原本要花十分的精力去找到十名觀眾，現在只要花三分精力就能找到十名新的觀眾，這樣的投報率若不做就太可惜了。

10

如何呈現「關於我」頁面

「珍珠奶茶」是由「珍珠」和「奶茶」組成，珍珠奶茶之所以好喝，兩部分都必須好，珍珠必須 Q 彈滑嫩，奶茶必須香濃純粹。如果你的珍珠奶茶不好喝，必須重新回頭檢視是哪一塊不夠好，然後設法改善。

相同的，「個人品牌」是由「個人」和「品牌」組成，兩部分都必須夠好，才可能創造出一個成功的個人品牌。想打響個人品牌，讓它變現，你必須兩者兼顧。但回到根本，你的產品，也就是你自己，是不是夠好？

這意思是，每個網站都有「關於我」頁面，其實它可說是**最重要的一頁**，因為它是最詳細的「產品介紹」頁。「關於我」就是你的網路履歷和存在證明，這頁一定要下功夫，該寫什麼文字，用什麼語氣，放哪張照片，列哪些事項，一定要思考過、優化過。大家都知道第一印象的重要，多數網友只會來看一次「關於我」，也就是說，你只有一次機會，讓他們認識你。

「關於我」頁面要放些什麼，我認為至少要涵蓋以下五個部分：

① 我可以幫助你什麼？

品牌要可以「幫助別人」，我建議把這一點擺第一位。你有什麼專長可以幫助你的客戶，你提供什麼產品或服務，他們用了以後會有什麼功效，對他們的人生產生什麼結果？你就是「產品」，他們憑什麼要用？說實話，你能幫助到別人，別人才會注意你。不要吝嗇，把你會的全部列出來，盡可能的去表現你的助人之心。當然，你也可以放上一些「使用者見證」，那些曾經被你幫助過的人，或是任何助人的證明。

② 我的生活有多精彩？

沒人喜歡無聊的人，縱使你的專業再強，熱血助人精神超高，但若你這人本身很無趣，那也不會得到大眾關注。我們都聽過網路上的各種臥虎藏龍，你要如何讓人印象深刻？其中一個辦法就是「過精彩、非凡的生活」。一位是朝九晚五的上班族，一位是環遊世界的背包客，大家會想看後者的生活，多數網友會想看與他們過不同生活的人，同中求異的一種免費體驗。例如同樣在煮飯，你可以表現得比較動感，比方說邊跳舞邊炒菜，大家就覺得比較好看。「非凡」的生活也一樣，不一定要花大錢，而是從思想上、言語上、日常行為上**與眾不同**，一樣會因

為有差異性而吸引觀眾。

- 生活精彩＋演繹精彩＝超好看
- 生活平凡＋演繹精彩＝精彩
- 生活精彩＋平舖直敘＝精彩
- 生活平凡＋平舖直敘＝沒人想看

在四種組合下，你有三個機會，所以並不會很難。多數人認為自己屬於最後一種人，但其實只要懂得加強演繹技巧，就可以創造出「精彩的人生」。隨著觀眾群變多，商業機會變多，可支配收入變多，就慢慢邁向真正的精彩人生。此時，加上你磨練好的創造力，呈現出來的東西就會變得超好看。

③ 我的立場個性？

個人品牌的目的不是要取得「最多」觀眾，而是「夠多支持你」的觀眾。當我們把重點擺在後者，就會知道你的立場和個性十分重要。選舉時你可以不談論政治，以求最大公約數；你也可以表達你的政治立場，來強化某一些人對你的連結，推動他們往鐵粉方向前進。過程中也許會弱化一些人對你的連結，但若你的觀念表述清楚，文字力足夠，也許不會有也許。重點是，不要怕流失讀者，你什麼都不做也一樣會流失，這是一種自然

現象。想想那些曾經跟你很要好的朋友，為什麼現在都沒連絡了，你並沒有做錯什麼啊！但其實就是因為你沒做什麼，隨著時間流失他們淡忘你。也是說，你必須做點什麼來維繫感情，既然如此，就清楚表達你的立場或展現你的獨有個性，自然的去增減讀者吧。

④ 我的里程碑

大家都喜歡聽故事，包括你的故事。不信的話，你可以在 FB 上測試一下，說你曾經遇過阿飄，好恐怖喔，有沒有人想聽？我保證一定有。所以藉由故事去認識一個人，是個滿容易的入口。當然，如果你的主題是創業，那就要多說創業家的故事，特別是你自己的。

在你的人生故事中，一定要有成功和失敗，兩種都要說，不時交換的說，讓人感覺上上下下、起起伏伏，這樣才有可看性。如果你一帆風順，順利得好棒棒，這故事反而有點唬爛的感覺；但如果一直說失敗，是個大魯蛇，會有人想看嗎？會有人覺得他可以跟你學點什麼嗎？

另外，「關於我」頁面為什麼要寫里程碑，主要是為了以下的第五點。

⑤ 我的客戶是誰？

當我們講「個人品牌變現」的時候，常忽略一點：我要把我的專業賣給誰？

行銷上會說你的 TA 是誰？假設你是一位烹飪部落客，你在「關於我」就要把這點考慮進去，你得先列出你的銷售對象有哪些人？主婦、輕熟女、SOHO 族等，讓這些人的圖像浮現在心中。撰寫任何內容的時候，想像是為他們寫的，久而久之，你的讀者＝你的消費者。打從一開始，就必須有這樣的認知，並持續依循這個原則經營網站。

上面講到「使用者見證」是為了銷售的目的而存在，這些**使用者**要是 TA（主婦、輕熟女、SOHO 族），種豆得豆，以 TA 一號吸引 TA 二號。你可善用一些銷售話語，但不要過多，因為「關於我」只是簡短介紹你的服務，如果你是一個專業的講師、顧問、SOHO 接案人士的話，你可以另開一頁稱之「服務內容」，把你會用的銷售招數全用在那一頁，但別在「關於我」頁面占太大篇幅。

我以講師為例。「關於我」應該是你**這個人**，所以放點專業、放點興趣愛好、放點你的觀念、放點銷售話語，但不要全放你

的銷售內容，那樣會像硬銷售。你可以在這頁某處寫「想知道更多我的服務內容，或預約授課時間，請按此」，然後做超連結，在那一頁，你再把所有相關作品、使用者／客戶見證、最有力的銷售話語全部放上去。

「關於我」頁面非常重要，必須時時刻刻的修修改改，因為內容會越加越多，所以其實也可以做成兩部分。一部分是短介紹，一部分是看不完的顯赫經歷。短介紹頁不用太常更新，而長介紹頁就可以一直加東西。除了方便別人（包括廠商）快速了解你的重點背景，以後你自己也方便 copy 個人介紹。

最後，還知道有什麼我沒講，但非常重要的嗎？沒錯，就是你的帥（美）照，露臉三分情，趕快去找專業攝影師幫你拍幾張專業的形象照吧！

行銷個人品牌的
致勝關鍵

1

「產品」和「行銷」是雙軌制

一份事業要賺錢，最簡單的口訣是：

有「客戶」「購買」你的「產品」。

三個引號代表三大變數。「客戶」是做行銷得來的，「產品」
是你自己要研發的，這兩件事獨立進行，然後「購買」將之結
合，幫你賺錢。

「部落格」或「YouTube 頻道」並不算是你的「產品」。第一，
它們不是你的，所有權不是你的（除非你自己架站），所以不
會出現「你把它們賣掉」「被別人併購致富」的情形出現，
就算你有日流十萬的痞客邦或 medium，你還是無法出售這個
「網站」。第二，你努力做行銷，把人潮帶往你的部落格或
YouTube，叫他們每天來，或訂閱你的頻道，但問題是，你要
賣什麼「產品」給他們？意思是，就算他們每天乖乖報到，看
你的文章或影音內容，然後呢？你要賣什麼給他們？你要怎麼

賺錢？部落格或 YouTube 頻道只是通往你產品的橋樑（之一），他們不是終點，他們只是過渡的中點，最終要賺錢，必須**繼續走**，直到客戶購買你**真正的產品**為止。

實體產品包括你的實體商品或服務、自創品牌商品、團購商品、實體書、實體課程、實體活動報名等。數位產品包括你的電子書、線上課程、研究報告、訂閱制服務、VIP 會員等。我們創作內容，建立**觀眾**，為的是販賣我們的上述「產品」給他們，並不是賣我們的部落格或 YouTube 頻道給他們，千萬不要搞錯了。

很多人努力創造內容，經營流量，去熟悉各項的什麼 SEO、FB 廣告投放，或是焦慮的跟上所有行銷的方法。但如果你問我，我會反問你：「**你的產品準備好了嗎？**」

「行銷」是在已經有「產品」的前提下才去做。我說過，部落格或 YouTube 頻道不是你的產品，所以重點不是去行銷它們，讓它們得到流量就**結束**了，若你想利用個人品牌賺大錢，就必須研發出可以賣錢的產品。一定很多人會講，「有流量就有廣告收入，一樣可以賺錢啊」，這句話當然成立，但是把賺錢這件事看小了。「流量」很難取得，「注意力」很稀有，我們要

把他們的效益放大，讓流量的價值最大化，如果只用它來賺廣告收入，那就太可惜了。你應該要有的觀念是，「廣告收入」只是一個開始，到了最後會變成配角，不應該是主要的收入來源，特別是像我們這種「小眾」又「個人」的網站，我們不可能靠廣告費來致富，你很難將之規模化的成長，讓我們的收入快速倍增。而且這筆收入是別人（如 Google）給你的，並不是你靠自己賣商品賺的，幾乎沒有掌控權，只要運算法一改，你的收入就有差。

我們必須發展產品，但我們怎麼知道要研發什麼產品，觀眾才會買單呢？這一點，才應該是你經營內容、經營流量、經營觀眾的重點。你得傾聽，洞悉觀眾的需求，甚至直接問他們，所以這要「雙軌進行」。好比攀岩，你要右手上，左手跟著上，然後右腳上，左腳跟著上；有時候看地形，你可能左腳先動，然後右腳跟上……你的「左邊」和「右邊」就是你的「行銷」和「產品」，相輔相成，保持身體的（事業的）平衡，一步步穩定的向上。

很多部落客、YouTuber、網紅揪團購都很成功，那是因為他們的「行銷力＞產品力」，長年下來累積的行銷能量沒有地方釋放，遇到廠商的好商品之後才爆發。但想像一下，若不需要和

廠商拆帳，而是自己的商品，是不是賺更多了呢？

這裡是想提醒大家，時間的調配要**一半一半**，一半的時間花在產品上，一半的時間花在行銷上，而且若有優先順序的話，產品的研發和優化，會比你努力做行銷更重要，因為沒有好的產品，做再好的行銷都是浪費時間。而且，你一定要有「群眾回饋」才能研發產品嗎？當然不是。你去看市面上哪個課程賣得比較好，做一些簡單的市調，問一些有建設性意見的朋友，就可以開始研發產品了，基本上不需要經過那條漫長的「搞流量、聽意見」的艱辛之路。

個人品牌最終要賺錢，必須要像間公司一樣，提供夠多、夠好的「產品」供人選擇。當你有了產品之後，再去煩惱五花八門的行銷招數吧。別傻傻的把所有時間花在經營流量這件事上，這真的只是路程「一半中的一半」而已。

2

一個人是怎麼
「變紅」的？

前面說過把個人品牌這四個字拆開，就是「個人」和「品牌」，
前者是做好「自己」，後者是做好「行銷自己」。哪個比較重
要？多數人覺得只要做好自己，讓自己變得很專業、很厲害，
大家自然就會知道了。錯！根本沒人知道，最多就是你身邊的、
常見面的人知道而已，那能有幾位？五十位、一百位就極致了。

我們以做生意角度來看此事，如果你有個好東西，賣出去一百
件或許能小賺一筆，但不算有規模，事業成長有限，縱使有些
人會買第二次，但客戶基數還是太少，很難形成雪球效應，讓
生意越滾越大。我認為，兩個固然都重要，但若要硬選一個，
我認為是「品牌」，也就是你要懂得行銷自己。

「品牌」和「低調」是互斥的，就像磁鐵的兩極不可能同時存
在，如果我們的目的是要吸粉絲，那我們必須保持「品牌」和
「高調」的一致性才有可能。建立個人品牌不是一件容易的事，

就算你已經下定決心要做，也不一定會成功。套句周星馳的話，你要很努力很努力，才有可能會有一絲絲的成功。

因此，第一個障礙是心理的，你得確定你「要」、還是「不要」被看到，如果你選擇後者，說什麼要低調、要保持神祕、要被動的等待發掘，那機率說真的十分低。你可能會問，那如果我的個性就是內向、保守、放不開怎麼辦，我會說你想太多了，因為就算你用盡一切力氣去嘗試，根本也不一定會成功啊！對於那些自認高調就會成功、在路上就會被粉絲認出、就會被狗仔隊挖隱私的人、走紅毯被閃光燈攻擊——真的是太高估自己了。

假設你已經鐵了心要高調，卻怎麼樣也紅不起來。那我問你：

做一個妹子的備胎，永遠都是備胎；做一百個妹子的備胎，妹子就是備胎。學一個人的文筆，叫做抄襲；學一百個人的文筆，就叫做風格。跟一個名人合照，會被說沽名釣譽；跟一百個名人合照，就是德高望重。教好一個孩子，你是盡責的父母；教好一百個孩子，你是作育英才。喝一杯珍珠奶茶，圖一時口舌之爽；喝一百杯珍珠奶茶，你就變成了胖子！

還要繼續嗎？

「量變引起質變」是經科學實證、不可動搖的事實，一個人從默默無聞到紅透半邊天，九成九都是因為持續產出，然後慢慢的變有名。我最常說的八字箴言「作品連發，量多必中」，但這個「量」倒底是多少？假設我是部落客，我要寫幾篇才算有「量」，如果我是 YouTuber，我要拍幾部影片才會「紅」？

創作是一種藝術，既然是藝術，就很難被「量化」，無法用科學的方法來評鑑。究竟一個人是在什麼「時間點」變紅的？這一題其實有點難。

有幾種解法。首先我們可以去調查已經紅的那些人，請他們回想花了多久時間才走到今日的地位。周星馳應該是《賭聖》讓他變紅的，在他當過臨時演員、主持人、男配角——出道之後的第十年。宮崎駿自 1953 年學習繪畫，十年後才決定以動畫師為一生的職志，1979 年以《魯邦三世》成名，歷經 26 年。全球訂閱數第一個破億的 YouTuber「PewDiePie」在 2010 年開台，2012 年達到一百萬訂閱，期間他上架超過一百部影片。我沒有證據，但印象中一位創作者要紅，基本上是 5 ～ 10 年，或是超過一百部作品。你若還沒有達成兩者其中之一，那就先

不要想紅，請先達成再說。

第二種解法，是去檢視你的流量／訂閱數走勢圖，它有沒有在某一個時段突然爆衝，就像一個曲棍球桿平放的樣子，這叫做「hockey stick effect」，是多數創作者變紅的的走勢圖，也就是媒體報導「十年寒窗無人問，一舉成名天下知」。為何會有這樣的走勢？因為你的好作品終於被大眾看見了，然後瘋傳，各項數字瘋狂上升，訊息不斷湧進（包括商機）。想讓走勢持續上揚，你必須已經擁有足夠的好作品，不然你只會成名 15 分鐘，然後回歸現實。一時的紅叫做紅嗎？當然不是。

如果，你已經創作超過十年，作品也超過一百個，但你還不是很紅，有三種可能性。第一，娛樂性不夠，PewDiePie 之所以紅得這麼快，是因為他搭上了 YouTube 這道大浪，他的影片也充滿娛樂性，遊戲本身就具有娛樂性，加上直播時他髒話亂噴，看的人覺得舒壓，於是變成死忠觀眾。蔡阿嘎、館長、上班不要看等多數 YouTuber 都屬於這一類，因為站在巨人的肩膀上，量多就必中。傳統電視節目、電影散播速度比較慢，連周星馳這樣的巨匠都花了十年，但你把同樣的才華放在網路上，成名速度就快很多。

第二個原因，你不夠上相，也許是面貌不好，口條不好，不夠有特色。要想變「紅」，最好能站在幕前，紅的速度會快一點。就算你是知名暢銷小說家，還是可以辦簽書會吧，總有一天你要「露臉」。如果你天生只有 50 分，靠穿著、禮儀、氣度、學識和說話技巧來加強，力求及格 60 分。但這點本篇不深入探討。

寫了這麼久、這麼多還是不紅，第三個可能是因為你的創作「沒有價值」，精準的說，是對別人沒有價值。例如你寫了五年、兩百篇的自我心情，這對別人有什麼價值嗎？你寫了十年、五百篇的育兒紀錄，對別人有任何幫助嗎？當我們說「價值」，是指它到底可以如何具體化？更重要的，如果我不想搞笑、不想噴髒話，我又長得不夠好看，不上相，那我還有可能創作有價值的作品嗎？

很簡單，有「價值」的內容就是可以「解決別人的問題」。**價值＝解決問題。**

你寫了一百篇的心情抒發，還不如好好寫一篇「我如何走出憂鬱症」。你寫了五百篇的育兒紀錄，還不如好好寫五篇「副食品製作方法」。你拍了十支旅遊 Vlog，還不如好好拍一支「如

何用兩萬元玩東京五天」——與其隨便做很多事，不如好好的把一件事做好，比 99% 的同質作品都好。

創作者「變紅」只有兩個變數：「數量」和「品質」。因此簡單的結論就是，如果「量」已經夠了，但是你沒有紅，就表示「質」不行啊。說難聽點（比較有效），你的作品太爛啊！當然你可能會說，很多人的作品也很爛啊，為什麼他們紅了？那是因為他們碰到「貴人」，而且作品好壞是很主觀的，如果你的作品在貴人的眼中是好的，就有可能得到貴人的幫助。但我覺得這太不可控，所以最好把它想成「額外的機運」，我們盡力去做可控的項目，同時等待不可控的好運降臨。

3

「熱情外露」可能是你
欠缺的關鍵成功因素

熱情要如何內外兼施？

大家都說做事要有熱情才會成功，但常常忽略了一件事，「熱情」是無形的，往往是看不見的，當然，它是從底層推動你去做某件事的力量，但你知道嗎？熱情**變現**的祕密在於「外顯」，如果你能內外兼施，對於發展個人品牌才是最好的。什麼意思？我來解釋一下。

你一定看過某些激勵演說家，用生命在鼓吹大家要奮發向上、獲得財富自由等。如果把他們的演說稿給另一種人，用平淡穩重的聲音來講，你覺得聽眾會被燃燒起來嗎？當然不會，這就是「熱情外露」。

國外有很多人在教個人品牌，有位 Gary Vaynerchuk 如果你看他的影片，可能會覺得他教的內容其實還好。然而，配上他高

亢沙啞的聲音，感覺燃燒生命在推廣這件事，你的情緒就被他點燃了。他也常常用髒話（F開頭）來加強論點，這又再度將熱情拉高，讓聽眾感同身受。

每個人對某些事都有熱情，但你有把它表現出來給大家看嗎？你一定要！你不僅要清楚讓大家知道，還要盡可能的將熱情傳染給聽眾，因為「內容＋熱情傳達」絕對會比「內容＋平淡傳達」來的有效，如果今天身為創作者的使命，就是要傳遞某些訊息給觀眾，那麼前者就是我們必須努力的方向。

講到這裡，我來插播一個實用的東西。當你看 YouTube 知識型影片時，你覺得講者「坐著講」還是「站著講」比較有熱情？答案是「站著講」，所以當我們拍影片時，站著講，至少要半身（到腰部），會展示並感染更多的熱情給你的觀眾，很多時候我看很多人坐著「說書」，或解釋一些東西的時候都是坐著，看久了觀眾也會跟著放鬆、懶散，特別是那種很長的影片，因為「熱情感」較少，你要很有耐心才看的完。如果是站著呢？或是主角跑來跑去（例如旅遊），再搭配手勢、動作、口氣，就能讓觀眾一直看下去。賣弄一點科學知識，這叫做「鏡像神經元」，指我們會看別人而感覺如同自己在進行這項行為一樣，所以當你站著熱力四射，觀眾也會有同樣感覺；你一直坐著講

話，非常理性，觀眾就一樣坐著發懶，漸漸失去耐心……

技術上，「站著拍」比「坐著拍」門檻較高，因為至少要有夠高的腳架和燈光，再來因為你無法站太久，所以基本上影片長度也能保持短小、節奏快，這對你和觀眾都是好的。那如果你真的要講長篇大論呢（例如產品開箱）？我建議就穿插一些站和坐的片段，總之不要一直坐著，背景也不換，這樣再有料的影片，因為「熱情」漸失，觀眾也很難看完。

熱情可不可以變現？

想像一種情境：有一個人，口齒清晰，形象良好，但他肚子裡沒什麼料，所以照稿唸，但他用非常熱情的口吻來演繹這些內容，讓聽眾感受到他的熱情，並受他感染，而吸收了這些資訊。有可能吧？當然有可能，所以「熱情」本身是一項技能，**足以變現的技能**。

相反的，你非常有料，乾貨滿滿，口齒也清晰，形象也良好，但你用疲軟無力的口吻說話，或用厭世的態度或不耐的表情呈現，那也不會贏得觀眾的關愛，再好的內容也傳遞不出去。

熱情不僅要存在，還要盡量釋放，當人們被內容吸引，再來就是看演繹者的熱情程度，不論是真心反映，還是專業偽裝，傳遞內容的同時，若能展現強大的熱情，強大的感染力，絕對是個人品牌的超大利多。我認為熱情本身就是一項資產，它其實不是打底的功夫，它也不是什麼初衷，它其實就是一個基本的表演能力，它跟口條、手勢、用字遣詞一樣，都是可以獨立看待，可以練習改善，可以勤能補拙的。觀眾越來越挑剔，他們在觀看的時候希望能夠被激起情緒，才會繼續聽下去，用熱情挑起情緒是很重要的，你必須學習和練習如何展現出熱情，並將你的熱情感染出去，你也才有機會把內容傳達出去。就算你本身不是一個很有熱情的人，在講述你的內容的時候，也請多少要表現出你的熱情。

熱情要如何學習呢？

首先，我覺得熱情是很難偽裝的，當一個人對某件事很有熱情，會發自內心的噴出來，我們只要不去刻意隱藏就好。但是有時候你講同樣的事情講太多，熱情就會慢慢的遞減，這個時候怎麼辦？我的建議是，在內容上面做點變化，嘗試繼續維持同樣的熱情的高度。「如何維繫熱情？」那又是另一門學問了。

另外一種學習的方式是參考他人，例如去上知名講師的課。我在此特別推薦謝文憲（憲哥）的課，聽眾會被他的熱情打動，不自覺聽的如痴如醉。當一個人的熱情來到一個境界，他的熱情足以 cover 所有他的內容。舉例來說，我認為如果讓憲哥去講所有的主題或內容，都大有可能比你講的好，因為他傳遞的方式比一般人好，也就是說熱情是可以 carry 你，幫助你更容易傳遞知識。當然，你這人也不能光有熱情，內容卻沒料，那聽眾好像聽來聽去是一場很精彩的演講，但好像也沒學到什麼。熱情不是要你花拳繡腿，還是要真材實料才有加乘的效果。

結論就是要提醒你，為了要讓你的料更容易出去，我們必須努力真誠的外露熱情，將感染力發揮到最大。

善於擁抱數位趨勢的激勵大師

蓋瑞・范納洽 Gary Vaynerchuk
個人網站：https://www.garyvaynerchuk.com

他是連續創業家、天使投資人、暢銷書作家。他以誇張的姿體動作、沙啞激昂的語調、以及口無遮攔的方式表達自己的理念，免費放在各大平台供人觀賞。他請了一個隨身攝影師，將他生活的點滴都記錄下來，其中有很多在街頭與粉絲的對話。他再請助理後製後，以社交媒體大量的放送。這些看似隨機激勵人心的影片，每天像病毒似的流傳，最難得的是有粉絲自願幫他翻譯成中文，也因此他在華人圈的知名度相當高。

他的 Youtube 頻道「DailyVee」有近兩百萬訂閱，「AskGaryVee Show」影片庫也有近 20 萬訂閱，很多集都超過百萬人次觀看。他的播客節目「The GaryVee Audio Experience」為全球百大播客。他很自豪在 22 歲的時候開始幫助家族事業，讓家族事業的市值從三百萬到六千萬，34 歲的他創辦自己的事業 VaynerMedia，從零開始成長到一億五千萬的市值。

他是天生的創業家，也是一個外放不羈的演說家。他說每次上電視或上台時，他的身體和語氣會自然亢奮起來，可能因為他是80 年代電視脫口秀和 WWE 摔角迷。鏡頭前看來也許有點浮誇，

但他是個正道的生意人。他說雖然常被人誤會，但還可以接受，因為這就是他真實的自己。他對網路及科技領域很有洞見，而且預測的趨勢都相當準確。

「熱情」（enthusiasm）和「真實」（authenticity）是他的兩大特點。他很敢批評，甚至敢直接打臉（希望把你打醒？），這些都無損他的網路聲譽，為什麼？因為他的內容對於多數網友來說很有啟發性。他不斷投資自己的公關形象，做出高質感的影片，把自己當成最佳男主角，以救世主、人生導師、關懷者的定位呈現，而且不直接賺粉絲的錢，表示他看的是長期、不是短期效益。觀賞他的影片雖然會熱血沸騰，讓你感覺充滿自信，但光有自信並不夠。他在影片中也常勸人不要光是在那吸收知識，重點是要去做，開始創造點什麼，但 99% 的人還是在「看」，等著被激勵……所以不要再看了，趕快去做比較實在！

4
我們該如何玩 Facebook？

在 FB 的遊戲規則下發展個人品牌

「玩」是很精準的用字，因為 FB 就是一個遊戲。簡單的形容，你必須懂得遊戲設計者的心理，然後遵守它的遊戲規則。我上過內容行銷大師 Joe Pullizi 的課程，他說我們要 "play social media like they won't exist tomorrow"，中文翻譯是：趁現在還能玩就多玩，因為明天可能就不存在了。社交媒體如 FB 變化太快，以前的觸擊率可到 10%，現在可能連 0.5% 都不到，當年那些玩到 10% 的人都賺到了，我們現在能玩到 0.5%，雖然比以前難玩，但至少還有 0.5% 可以玩。如果你以這種角度去看 FB 行銷，那 FB 怎麼玩？答案就很簡單了，儘量玩、玩到爆、物盡其用！

我常說 FB 不是什麼維持人際關係的地方，它就是一個行銷平台罷了！既然是行銷平台，你當然要把自己當成產品來銷售，所有能增加你形象、情感、個性、能力展示的貼文，都

要「開地球」（公開給所有人看的權限），根本不要客氣或保守——何況就算你積極開放，觸及率也不見得會有多好。

再來一點很重要，如果是個人品牌，我們該玩「個人帳號」還是「粉絲團」。如果你有長期關注我，會發現我幾乎沒在玩「粉絲團」。所以答案很明顯。以個人品牌的立場來說，玩個人帳號比較好，為什麼？讓我詳細說來。

FB 是家上市公司，是社交網站，也是廣告平台，所以在這個遊戲中，有三個互相影響的圈圈：

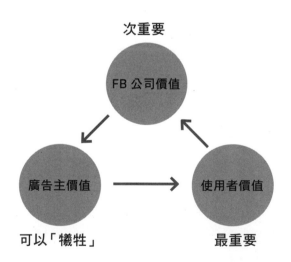

① 「FB 公司」價值：包括老闆、員工、投資人要賺錢，股東要追求最大利益，若發現股價不振，就必須有所「動作」。

② 「使用者」價值：意即我們一般人要能在這裡交朋友、哈啦、炫耀和其他社交行為。

③ 「廣告主」價值：利用 FB 廣告的廠商，要宣傳產品、找潛在客戶等，目前只有「粉絲團」可以下廣告，所以「廣告主＝粉絲團」。

FB 必須在三者之間找到最佳平衡，所以會做持續性的 trial and error（調整、測試）。FB 公司還沒上市時，重點擺在使用者身上，於是我們每則貼文的觸及率都很棒，也包括粉絲團的觸及率，因為他們要的就是大量的使用者，以及使用者滿意度（以增加更多使用者）。當他們來到一定的使用者規模時，漸漸的會出現「廣告商」，在這我們統稱「想利用這平台來做廣告的人」，其中品牌廠商占了多數，爾後 FB 開始決定「收割」，為了不傷害使用者價值，當然是拿廣告主來開刀（以後也是），因為「使用者」（user）和「廣告主」（advertiser）的身分是不同的。使用者在這裡社交，廣告主在這行銷，聰明如你，應該看得出來誰是肥羊吧……

我們最好的玩 FB 策略，就是成為「使用者中的廣告主」，也

就是用你的個人帳號去做行銷。第一，我們不賣產品，所以用粉絲團去下廣告很難回收；我們賣的是自己，所以用「使用者」身分去廣告是免費的。第二，你是否聽過很多粉絲團抱怨 FB及率下降？身為使用者，你可以躲在保護傘之下，因為 FB 始終是個社交平台，最不可能犧牲的是使用者價值，也就是說，在這個三角關係中，使用者是排第一的，它可以犧牲自己股價，可以去惹怒廣告主，但它必須愛護使用者，否則當使用者離開，它什麼也不是。所以如何玩 FB，利用它來打造個人品牌？結論就是養大你的個人帳號，從加好友開始，好友就是你的客戶基礎，也可以想成是你的潛在客戶。

最後有一點要注意，除了**好友數量**，**參與度**也很重要。假如你硬ㄍㄧㄥ出五千個好友，但其中很多都是假帳號、美女帳號、不熟、不看你動態、不跟你貼文互動的人，那你的參與度會很低。想像你 po 了一則貼文，五千個好友的帳號卻只有十個讚，FB 可以很快算出你的參與度「不正常」，而判斷這是一則不好的貼文，進而降低你的觸及率，或傷害你的「帳號信用」（我猜暗地裡是有類似這種評等的）。這也是為什麼每當我自己帳號滿五千個好友時，我就開始砍好友，把好友列表往下一直捲。越下面的好友「感覺上」越沒有互動，我共砍了一千多個好友後（超累），貼文的觸及率並沒有影響（憑自己感覺），試兩

次都一樣。我認為 FB 有很**人性化**的運算法，它最希望的是某個帳號很活躍，好友數和參與度朝「正常」的進度發展，「質」和「量」均衡的成長，所以在我們大量加好友的同時，請大家務必也要拿捏參與度喔。

軟硬兼施的高品質貼文

很多人問我，FB 要寫出名堂，每天該寫些什麼？能不能有「策略」？我無法代表每個人，但以下是我自己的心得：

① 專業（約占 30%）
每個人都有其專業，但只有兩成的人願意 output 出來，其中再抓兩成的人會持續 output，那就留給你 4% 的機率「被看見」。來到行銷漏斗的頂端，接著你必須繼續向下探，來到「被喜歡」「能轉換」的漏斗中下層，但若要掘得深，就不能全 PO 專業的東西，必須從各種角度和隙縫向下挖掘。所有工作相關、閱讀學習、勵志上進等內容都屬於專業類。

② 生活（20%）
「專業為硬，生活為軟」，想擁有堅實的個人品牌，必須軟硬

兼施。上過我的課都知道，真正的鐵粉不是愛你的專業，而是愛你的人，因為專業內容很難產生情感連結，但生活可以。簡單來說，專業內容只是網友認識你的入口，終點是讓網友「認識你」。所有關於你日常生活的大小趣事都屬於這類。

③ 旅遊（20%）
一個再厲害的人，生命中若缺乏「旅遊」「出去走走」，不就像是機器人嗎？對，「旅遊」和「生活」加起來的比例甚至超過「專業」，我認為才是健康的，專業文不必給太多，三成綽綽有餘。我每次出國玩打卡，辦公室的朋友都說感覺像我帶（代）他出去玩，所以旅遊能聚集焦點，或許是因為太多人被困在辦公室了。

④ 親子（10%）
當一個人有了父性或母性的光輝，成熟度、親切感、愛心、厚道程度全部加一成（層），包括實際的按讚數。若你沒有孩子可以曬，曬寵物多少也有一點效果。

⑤ 公益（10%）
形象要顧。最輕鬆上手、利人利己的公益 post 就是捐血照，公益類型不用多，偶爾來一下就好，PO 太多會有點矯情。但私

底下公益還是要做，心存善念，有機會就多助人。

⑥ 炫富（10%）

說來悲哀，很多人會把成功定義為「有錢」，而他們只願意相信有錢人的說法，所以若想發揮更大影響力，三不五時的還是得炫富一下。不用去杜拜帆船飯店，只要開箱最新的 iphone 即可。很多人 PO 與名人合照的也算這類，沾上成功人士也有同樣效果。

⑦ 時事（？%）

這是創作類的 X-factor，它的比例可大可小，高風險高報酬。如果你想要紅得快，就 100% 都寫時事，然後連結你的專業，好處是紅得飛快，壞處是嘩眾取寵，容易被人討厭。由於「取得注意」很難，因此許多新人會陷入這種毒癮。

以上創作的類型在部落格／ FB ／ IG ／ YouTube 皆適用。適用對象是已經有超過一千位好友／追蹤者的人。如果好友數／追蹤數低於一千，這個比例就需要重新調整。怎麼調整？很簡單，80% 的「專業」，再盡可能去連結時事，剩下 20% 寫軟性的東西，先維持這比例約半年，**養大**你的個人帳號。

利用 Facebook 個人帳號建立網路影響力

既然一千名好友是你個人 FB 影響力的起點，是你在遊戲中脫離新手村的開始，怎麼做才能繼續增加好友呢？第一，還記得你已寫出許多有料的專業文嗎？若無意外，這些文章會從你既有的朋友圈開始向外擴散。有些人看你有料，主動來加你好友，這種自投羅網的人最好了！只要確定你們有一定水準的共同朋友，請一律加入。

第二，請你厚顏的主動加別人。先從那些有在這些文章下留言的人開始，因為他們看過你的文章，而且還願意留言。只要時間不長（例如三天內），他們應該對你的名字有印象，冒昧程度比較低。當然不會全中，你也不要覺得丟臉，雖然你還不是一個「咖」，但你遲早會是，所以隨著你的專業文連發，經驗值增加，你帳號的權重變高，加好友的質和量會加速。

第三，若有機會去演講，簡報上就要放你的 FB 帳號，並口頭鼓勵他們來加你好友。假設你演講表現良好，一次就會進來五十、一百位新朋友，快速進補。若你沒有機會演講，但總有機會去參加各類型的實體聚會吧，確定名片上有你的 FB 帳號，在交換名片的同時，也交換 FB 帳號。

最後還有一點很重要。如何加那些「意見領袖」「網路大大」好友？有三種方法，第一，去實際的場合認識他們，當面有禮貌的問他們能不能加入好友？第二，有禮貌的私訊給對方，記得要自我介紹一番，若你們的共同好友裡已經有「意見領袖」「網路大大」，對方接受的機會比較大。我在此也公開宣布，若你不是怪人或壞人，都可以加我 FB 好友，然後利用我當共同好友去加其他的網路大大，我不介意讓你這樣做（再次強調，若你不是怪人或壞人），因為我知道這一步很重要。當你有很多 FB 的「大大」好友，能增加你自己的信譽。第三，你同時要努力成為一個咖，至少在專業呈現上，然後等待他們主動來加你好友，不過這第三種方法最難，因為這些大大們很可能朋友已滿，無需主動去加別人好友。

主動去加好友，也許很多人會覺得「不好意思」，但如果你是要散播正面影響力、幫助社會的人，這點「厚顏」算什麼，只要不忘本，保持良善的意念和行為，這些都是必要之小惡（如果你覺得這是惡的話）。我想強調的是：**努力上進做好事，有「不好意思」的嗎？**養大你的 FB 帳號，儘量加滿五千名好友，開放追蹤，練功練到每則貼文都有千百個讚，僅不過是個人品牌發展中的一小步而已。

最後，你可能會問，我加了這麼多好友，每天動態一堆，我要怎麼看？我的回答是，一開始你得忍耐，照三餐給大家按讚，想成每次按別人讚都是「經驗值＋1」，在成大事之前這些都只是小事啦。當你的帳號越來越大，若真的不想看陌生人的動態，再取消追蹤就好了。

切記，FB 就是一個行銷工具，既然是工具，我們應該物盡其用，順從它們的遊戲規則，取得對我們最有利的位置。

5
如何找到貴人？

"Great minds think alike"

對你人生有關鍵幫助的人統稱「貴」人，你知道為什麼嗎？我的解釋很特別卻很簡單，因為他們比較「貴」，對，就是價格上的貴。我說得很通俗，意思是你要花很多、很多、很多的錢，才有可能遇到貴人⋯⋯

遇到貴人有兩種方法：一是等貴人主動來找你，二是你主動去找貴人。我們說「物以類聚」是宇宙不變的法則，所以第一個方法是只要你自己也是貴人，那麼自動會吸引其他貴人來找你。很多人說我（對，就是我）是他們的貴人，不管是線上或線下，出書或演講，因為有我的幫助，他們才有今天，感恩的人必有回報，所以我會繼續幫助他們。但你可知道，我之所以變成其他人的「貴人」，要先花多少錢嗎？為了達到能幫助別人的高度，我花多少時間在閱讀、寫作、思考、體驗、反思及驗證，我又花多少錢去上課、學習、交朋友，僅為了深耕專業

和拓展人脈。我付出很昂貴的代價才有今天,所以我才用第一種方法,一路以來,我的時間金錢心血和體力,都是非常「貴」的。

第二種方法,如果你不花錢投資在自己身上,而是想試試有無更快的方法能讓貴人來幫你,有的!但你依然得花大錢,你去想想「社會有力人士」會在哪裡出沒,你買個入場券進去認識他們。雖然這入場券可能也很貴,例如很貴的課程,起碼兩、三萬以上的價格,但除了講師本身會是你的貴人外,同學們也是。因為你想想,願意花高額學費的人一定是為了再次進化自己,應該是已經在某專業領域得到一定水準,然後有點小錢,想提升自己的能力,當全班同學都是這樣的素質,大家都將互為貴人,而你不就進來這個圈子了嗎?因此,想認識貴人,第一步就是要勇於投資自己,花錢養錢(未來的錢),花時間養時間(未來的時間),如果你沒錢或不願意投資自己,那你永遠在你的同溫層間遊蕩,無法升級,就算你運氣超好遇上了貴人,他也不想幫你,為什麼,因為幫你也是白花力氣啊!

要把「貴人」想成「貴的人」。很多人誤解了順序,認為要先有錢,才有閒錢投資自己的腦袋和人脈,這是錯的。正確的是要先願意花錢和時間投資自己,才會真正的賺大錢。兩個方法

其實最終還是匯流成一，當你自己變成貴人，你的身邊到處都是貴人。

「貴人，不要去外面找，先從裡面找。」

PART

6

最高經營目標
──培養鐵粉社群

1

RFM 模型——
會員維繫的科學理論

CRM（Customer Relationship Management，客戶關係管理）。
用一個單字來說，就是 retention（維繫）。

- member retention：會員維繫
- customer retention：客戶維繫
- audience retention：觀眾維繫
- fan retention：粉絲維繫。不過，這個字比較少用，因為粉
  絲就是觀眾的一部分。

整個 CRM 或○○ retention 的目的就是不要讓人「流失」
（churn）。但人脈流失是自然現象，就好比你的國小同學、國
中同學，多半都已流失。一個企業要壯大，客戶要增加，粉絲
要累積，該企業必須要「成長」（grow）。grow 的速度要大過
churn，即：增加＞流失＝成長。有一陣子很流行「成長駭客」
（growth hack），它就是一門用盡各種方法將此「差距」最大

化的學問。

會員增加／取得，英文是 acquisition，因此 member acquisition
＝會員取得。一個企業取得會員後，只是一個開端，最終目的
要幹嗎？當然是賺錢，但講賺錢太狹隘，所以我們講成是對企
業的「貢獻」（contribution）。

所以我把事情簡化成三塊，任何企業其實就在 member
acquisition, member retention 和 member contribution 中打轉 →
求生 → 上軌道 → 鴻圖大展。

——以上是我 15 年前的簡報內容，雖然年代久遠，但其實
經營核心並沒有變。我們再來試著簡化，有沒有可能再簡單
一點？我認為有的。把三個簡化成一個最重要的，那就是
member retention。在這篇文章中，我提一些 retention 的作法，
以下我再引用一個科學模型來強化 retention。

在零售業，有一個 CRM 的模型叫做 RFM Model，以下（又）
是名詞解釋：

- recency：客戶最近一次動作。可能是消費、開信、點擊、觀看直播、或任何跟你相關的活動參與
- frequency：頻率。客戶多久動作一次，例如多久買一次、開信一次、看一次直播等
- monetary：客戶花多少錢，如果不是銷售行為，那就把他想成貢獻度

如果你是大型電商，會擁有一個龐大的客戶資料庫，其中每個人的每項行為都被記錄起來。當你存取這些資料，再加以分析，就是「大數據」的應用了。首先我們會先指定一段時間，例如六個月之內有多少人購買，這是 R；或是所有人的購買頻率或週期，這是 F；某些人的總購買金額是多少，這是 M。資料若齊全，再利用自家程式或外包軟體就可以看到很多「科學事實」，而科學是可以反複驗證的方法，所以就可以加碼複製，或逐一改進。對於零售業來說，不懂 RFM，或沒有針對客戶去做如此的分析應用，那真是太不科學了。

我們把「銷售業」換做「創作業」呢？基本上也是一樣的。我們的商品就是內容，我們的 R 除了表示賣東西（例線上課程、訂閱制），也可以從「參與度」來看，但我們花不起大錢去聘請數據工程師，或買貴森森的 SalesForce 服務，怎麼

辦？有一個窮人版的方式就是用 Email 行銷商，例如我用的
ConvertKit，它可以看到每個人的開信率、點擊率，大概知道
某人的 R 和 F。至於「貢獻度」怎麼看、怎麼算？假設我上傳
一支 YouTube 影片，我把這個連結發給我的一萬名訂閱者，
有 30% 開信率、20% 點擊率，那就表示兩千人在第一時間去
看了我的新影片，當某部影片一上架就湧入很多人觀看，在
YouTube 的運算法上就會加分，增加該影片的觸擊率。這一
筆帳可要算在 Email 行銷上，它就像是「按了小鈴鐺」的一批
人，讓你可以主動用 Email 告知。這裡的 M 不好算，因為那是
YouTube 給你的收入，但至少至少，Email 是絕對有貢獻度的。
部落格文章、Podcast 的 RFM 也是一樣。

讓你維繫會員的也不只 Email，LINE 也可以，FB 粉絲團也可
以。當我們看到某一個會員的時候，你心中應該會浮現他大致
的 RFM 分數，然後給他相對應的內容（或產品）。如果給錯了，
不但效果不大，還可能造成反效果。舉例來說，一個已經兩年
沒開過你信的人，有天突然收到是要他買你產品的信，他不但
不會買，還會回報為垃圾郵件，傷害你的寄件者信譽（sender's
reputation）。對於一個兩年沒看你東西的人，要寄給他的內容
是：「抱歉打擾了，你會收到這封信是因為兩年前你買過我家
的產品，想問你用得好不好？我們最近有升級版，若有興趣，

可以點此」……. 諸如此類的「重新認識」「喚起記憶」「想起你是誰」「為什麼要重新聽你說話」等內容。但在此之前，你必須有辦法真正區別這個人在 RFM 上的位置，才有辦法見人說人話。

同樣的，RFM 有三個英文字母，如果讓我再簡化，我會簡化成一個字：R。簡單的說，有 R 才有 F，有 F 才有 M。R 才叫真正的 retention。貢獻度最大的會員，就是在半年內積極參與你內容的人，如何可以確保他的 R 很健康，常常來，緊緊 follow 我們呢？我覺得 Email、FB、Podcast、YouTube、Blog、LINE——全部都很重要，發展順序也是如此。

2
我的「訂閱制」過去、
現在與未來

大概四、五年前吧，我想開始簡化我的工作。我當時年收入介於兩、三百萬之間，但我身兼很多工作：顧問、部落客經紀、接業配文，而且大部分工作時間還在跟我工程師夥伴開發一個網站（結果後來沒上線）。我有時候晚上六點先回家幫小孩洗澡、說故事陪睡，明明很睏還是回公司加班，兩人天亮後互看對方眼睛紅紅的，苦笑一下，然後一起去吃早點才回家。

有一天到家，天空剛露魚肚白，估計應該五點多吧，我終於躺回我女兒身邊，看她見到我回來，給了我一個大大的微笑，然後又繼續睡（可能是在作夢），我心中突然有個念頭，這個微笑多美啊！要是我再也看不到怎麼辦？我開始覺得自己真笨，工作重要還是健康重要？於是從那天起，我再也不加班，澈底從一個半工作狂（結婚前是全工作狂），到一個「隨緣、隨興工作者」。但收入怎麼辦？不能因此減少啊，如果我每年想要賺三百萬，那我如何簡化到只做一樣事就可達成。於是我想，

乾脆每個人每天付我十元，我若能找到一千個相信我的人，我的年收就是 $10 \times 1{,}000 \times 365 = 365$ 萬，我當時還 po 在 FB 上，問大家：「如果每天給我十元，你希望我給你什麼？」各種正經或搞笑的答案都有，但其中最多人的意見是「給我超過十元價值的東西」。我這個點子遠比任何國內的知識訂閱制都來得早，但就像我的眾多點子一樣，我並沒有立刻去做。

2017 年 11 月，我在 PressPlay 的專案上線，那時我剛好人在美國充電，一開始抱很大期望，我信心滿滿，一開局衝很快，畢竟這是我第一次在**線上**收費，我的鐵粉們很快就買單，訂閱人數最高時期有 40、50 人，我維持每週二到三篇的頻率，把我的課程一點一點釋放出來。我告訴自己「自己別花太多時間」在上面，因為這個收入管道是**多的**，若之後有起色我再來好好經營。

然而，你不花時間，就沒有對等的收穫，PressPlay 每月退出的人數比加入人數還要多，理由不外乎是「內容不符期待」和「沒有時間看」。前者的含意很廣，有可能是真的不符他的期待，又或者他就是覺得內容爛——但內容本身不爛啊，我這門課已經上過多年，學生們反應都不錯，所以我想繼續觀察看看。PressPlay 本身已有眾多願意為知識付費的人，如果行銷得宜，

應該可再拉拔訂閱人數。

結果並沒有，我的訂閱人數始終上不去。如果我自己在 FB 或電子報中用力廣告一下，也許會有一、兩人加入，但退出的人始終較多。我去細看這些退出的人，多數我都不認識，他們都是「因 PressPlay 而來的人」，看了一、兩個月就不看了，因為他們覺得內容不符期待⋯⋯

在我加入 PressPlay 滿一年後，我已經想放棄這裡的經營，一是表現不如預期，二是我的課程內容已經用光，我必須花時間寫新的，這違反我當初加入的初衷——不花時間經營而有額外收入。我觀察這裡第二年的客戶行為，還是老問題，會持續訂閱的人都是我的鐵粉，「進進出出」的人都是我不認識他們、他們也不認識我的人。至此，已經嘗試了一年半，雖然我也常在 FB 上推廣，但一直找不到甜蜜點，訂閱人數和我期望的成績落差很大。我想，既然會持續訂閱的人都是我的鐵粉，那為何我不自己來就好？所以我決定創辦**完全訂閱制**。

Kevin Kelly 說，每個人只要有 1,000 個鐵粉就可生存，所以我的終極目標訂閱數是一千人，年收 365 萬。我要如何達到一千人？我不指望一步登天，而是分三階段來做，目標數字是

100、300、和 1,000。第一階段，也就是第一年，我的目標是一百人，然後盡可能照顧好這一百人，讓他們變成開心又滿意的客戶；第二年開始，請他們介紹三個朋友來加入，我的年費會增加到 4,650 元，我一樣拿 3,650 元，但推薦人可拿 1,000 元，也就是我採用聯盟行銷制，讓這些滿意的客戶每介紹一人就可以賺 1,000 元。聯盟行銷成功的前提是「產品好、動作少、獎金高」，如果第一年大家覺得產品好，第二年開始，訂閱者每推薦一人成功就能賺 1,000 元，這個服務就變成「你不但看到能賺錢的知識，你還真的能賺到錢」。若一切順利，訂閱人數會有三倍成長。第三年，如法炮製，我請三百個訂閱戶去推薦本服務給他的三個朋友，然後可賺推薦獎金，順利的話就可達成一千人。

至於超過一千人之後要不要繼續收？你可能會想，當然繼續收啊，幹嘛限制人數，有人會嫌錢多嗎？——其實不一定，要看當時的時空背景，經營一千個鐵粉得花多少時間？是不是該請員工來做客服？我會不會有新的賺錢點子等問題。

如果你是一個專業人士，把你的知識分解一套學說，再用「訂閱制」來變現，我認為每個人都可行，最大的問題是你的觀眾在哪，你如何把陌生網友養成付費鐵粉，這需要花上一段時間，

但這樣的「培育」是不會浪費的，只要你做得正確，有策略，3～5年後就會有一定的成績。我每次都這樣反推，如果我十年後要有一千個鐵粉，我每年只要有一百個，每個月只要有九個，每三天只要有一個就好。你有辦法在三天內搞定一個人，例如用心回答他的問題，在三天之內能給他無微不至的關懷，讓他變成你的鐵粉嗎？當然，這是最土法煉鋼、極端沒效率的作法，還有很多比這更有效的作法。

五年前，我提過一個「十年計畫」：我要在五年後出一本實體書，定價280元，扣掉成本加郵資，每本利潤抓200元。在網路上直接賣給一萬個鐵粉；爾後每年出一本，每年淨賺200萬。我每年嘗試增加一千個鐵粉，在十年後達標。

我的「完全訂閱制」則是我的「新十年計畫」。目標是達成一千人訂閱，每人我賺3,650元，年收365萬。這兩個計畫既不衝突，又可互補，若一切順利，200萬＋365萬＝565萬，扣掉100萬的人力和其他成本好了，我依然可賺400多萬，而且我的工作就只有「寫」而已。

我很誠實的講出我對「完全訂閱制」的期望，也希望對各位有所啟發。我認為「訂閱制」的學問很深，未來會有很多的變形，

也會有人像我這樣選擇自己來，已有足夠鐵粉的人不妨嘗試看看。然而，對多數人來說，建立觀眾還是首要任務，但至少要可以看見目標在哪，可以以終為始的反推回來。

3

追求參與感，
而不是數字

"Numbers don't lie."（數字不會說謊），這是一句耳熟能詳的話。沒錯，很多時候，數字越大表示這東西越好，但衡量一個東西好不好，數字絕對不是唯一指標。有什麼指標能夠評斷這個網站或貼文好或不好嗎？有，其一就是「參與度」（engagement），而參與度的重要性，絕對不亞於數字本身，甚至在許多方面，它是**最高指標**。

舉例來說，A 君有兩千個 FB 好友，每發一則貼文，平均只有 20 個讚，那麼參與度就是 1%；B 君有一千個好友，但平均有一百個讚，也就是 10% 的參與度。以 FB 的運算邏輯來看，B 君的發文品質可以引起更高的參與度，縱使好友數比較少，在一般情形下，B 君的「帳號品質」會比 A 君好，未來發言的觸及率就會比較大。FB 粉絲專頁如此，其他社交網站運算法亦同。細部來說，「按讚」只是參與度的一部分，更棒的**參與**是留言或分享，想像一下你是 FB 的工程師，A 帳號縱使有五千

名好友（或五萬粉絲），但 B 帳號雖然人數不多，卻是「每PO 必爆」，每則貼文都被大量分享，留言蓋高樓，你其實很容易判斷哪個帳號比較厲害，能讓網友分享，增加停留時間、進站連結，對 FB 的貢獻比較大。於是你主動把該帳號的觸及率提高，請他多多發言。

Email 開信率也是同樣道理。假設某人寄了一萬封信出去，只有一百人開信，只有 1% 的參與度，Gmail 其實很容易判斷這是**無用**的內容，把它歸類進垃圾郵件。如果是朋友寄給朋友，或是老闆寄給員工，這樣的郵件都是「寄送人數低、開信人數高」，參與度若非 100%，也幾乎有八、九成以上，所以這當然是一封**重要**的信，於是 Gmail 使命必達。

Google 的 SEO 亦同，網友進站看你的文章，沒有一下子就跳出去，反而停留時間很長，而且還點了文章內的一些連結，或是將網址分享到社群網站上，Google 都可以很容易判斷這是一篇「好」文章，於是讓它在 SEO 的排名上加分。

不管哪種運算法或系統程式，參與度越高，該內容越「好」，可說是基本邏輯，因此對我們創作者來說，思考層面不能只停留在「數字層」，例如一篇文章有多少人看、網站有多少日流

量、FB 貼文有多少個讚等,還要進一步的去思考「參與層」,讓他們不僅「看」你的內容,還會**參與**你的內容。

如何讓網友多多參與你的內容呢?

① **小遊戲**
大家應該玩過 Google Doodle 的小遊戲,逢年過節的時候,它們會在首頁上擺放一些小遊戲,讓你可以玩,這就是**互動**。連 Google 都需要網友參與感了,更何況是我們這種依靠讀者關係過活的創作者。

② **網路直播**
某次我看某政客的 FB 直播,我進去時的人數是四千多人,然後十分鐘不到,觀看人數衝到 11,000 人,想當然爾,FB 的運算幫了很大的忙,系統判定這是**好的內容**,於是讓它觸及更多人。當你在直播時,如果網友互動很高,例如有人留言、分享,那你的直播就會越來越多人看。

③ **小測驗(Quiz)**
國外很流行用小測驗來當網站首頁,讓初次造訪網站的人可以先回答幾個簡單的問題,然後一步步引導他們認識你的網站或

產品服務。這些站長的想法是，若訪客願意花時間回答我的七個題目，就有很大的機率會留下自己的 Email，讓站長可以後續服務。其中，有些小技巧可以使用，例如健身教練詢問性別、年齡、身高體重、運動頻率、運動方式、壓力程度等，然後依照你的條件，餵你適當的內容或產品（縱使產品可能沒幾項）。你感覺被「量身訂做」，但其實只是掉入心理遊戲的圈套，因為你互動過，所以感覺比較相信這個網站。

④ 投票
這招很傳統，但依然有效，讓網友選邊站，展現他們的自我個性。最好是題目有趣，讓他們想知道票選結果，然後你就可以順理成章的要 Email，才能把結果寄給他們。很多產業報告就是將大規模的投票變成市場調查，關鍵在於題目設計。想想那些每天我們在 FB 上玩的心理測驗，如果這些網站有做數據分析的話，他們可以公開一份報告，顯示「75% 的女性愛玩○○○，45% 的男性偏好玩○○○」等。這種參與方式簡單快速，卻能為內容加分許多。

⑤ Q&A
這最快速又好用，又對 SEO 好！問網友有沒有什麼問題，你去一一的詳細回答，又可以養鐵粉，又可以不缺梗，Q&A 可

說是網路創作者必學、必會、必熟練、應大量使用的一招。

⑥ 抽獎
這會增加互動率，不過若引來抽獎部隊，這樣千篇一律的留言「我愛版主，我來抽獎＋1」不一定是**好的參與**，系統很容易判斷這是沒營養的互動，而且你還增加人力負擔和金錢時間成本。這應該算是提升參與度最後的選擇。

⑦ 論壇 / 聊天室
現在還有人在玩論壇嗎？我會提問並不是在嘲諷，而是認真思考，在現今的網路時代，論壇是否還有存在價值？**以前**的網路時代，論壇真的是非常好的一種形式，大量的互動、大量的UGC（使用者自創內容），也成就了巴哈姆特、mobile01 這類公司。不知道大家怎麼想？

4
面對網路上的挑釁、酸言、
暗算等負面反應

影響力越高,負評就越多

有人的地方就有江湖。人在江湖中,哪有不挨刀,「挨刀」是
稀鬆平常的事。首先要知道的是:「被人攻擊是好事」,雖然
心裡很難受,但那表示你說的話有人在聽(這很重要),而且
他們聽完以後還會想回應你(這更重要)。只要想想我們每天
忽略多少內容、無視多少人,你就會發現,我們寫的東西有**能
見度**,還有人對此**有感而發**,是多麼珍貴的一件事。

私下認識我們的人不太會指責我們,朋友的朋友(點頭之交)
也不太敢放肆的狂罵你,網路上誰會罵你、酸你?只有那些生
活中沒見過、不認識你的人,才有可能會罵你、酸你,因為他
們只能片面使用你寫出來的東西,去臆測你是什麼樣的人,有
怎樣的個性和價值觀。而且正因為生活毫無交集,他可以用力
的韃伐,來展示他和你的不同,或是他高你一等的地位。

網路影響力和酸民關係圖

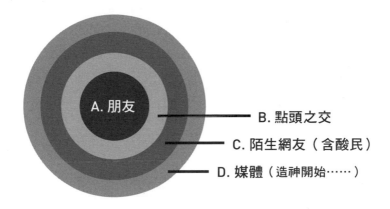

網路上的很多大大，把酸人、罵人、見縫插針當作一種「社交風格」，如果有天你被「插到」，我真心恭喜你，代表你晉升為一個咖了，因為你進入了他們的「觀察名單」，言行舉止都受到他們的「監控」，以影響力來看，你已經開始影響他們了，這難道不是一件值得喝采的事情嗎？

上圖中間「A圈」是你的起點，你原本是默默無名的「某網友」，影響力僅限你的實體人脈，再怎麼發言失控，別人也不會在你的 FB 上反應，頂多就是取消追蹤而已。這裡有兩點要注意，一是你的實體人脈越廣，你的社經地位越高，起點的 A 圈就越大，起初的負評就越少。第二，如果你害怕「被攻擊」，心裡

承受不了「被不認識／不熟的人批評」，那你停在這就好，優點是安然平和度一生，但若你想要影響力，例如有天你想在網路上賣東西，那你就要擴大你的網路圈，來到第二層。

在 B 圈你有五千多個 FB 好友，但可能只認識 1 ～ 2 成，其餘八成都只是 FB 好友，雖然掛著朋友之名，但其實根本互不認識，就算見過一兩次面，但毫不清楚對方的性格和價值觀，只是點頭之交，或有人稱之為弱連結。說「弱」可能引人誤會，因為你若想紅，必須要經過 B 圈，那是你「被看見」的條件。這些 FB 朋友是你的直接觸及，所以通常也會是第一個發難的，但不至於會太失控引發一場筆戰。

C 圈是當你闖出一點點知名度後，很多人會開始追蹤你，多數是「對事不對人」，意思是他們對你提供的內容有興趣，所以當他們發現你的為人有瑕疵，發言不當、行為不適的時候，就有可能指正你，或是攻擊你，我們以較宏寬的立場來看這件事，這也是好事啊！因為你可因此變得更好，保持「對事不對人」，未來你在處理類似事件上，就可以取得多數人的共識（但這也不一定好）。

我常跟學生說，當你在網路上被攻擊時，就表示你的影響力往

外跨出了一大圈，終於讓不認識的人看見了我們的創作。縱使無法讓所有人滿意，但至少我們可以從中學習改善，讓未來的動作或發言更圓滿。

到了 D 圈，表示你已紅到發紫，網友開始莫名的追隨你，甚至崇拜你，幫你造神。其他媒體也可能會來挖掘你的故事，加油添醋一番，知名度大開，成為某領域的指標性人物。

所有的「大神」都是從 A 圈開始的，也一定會經過「成名過程中」附帶的負評，因為這世界上就是有人見不得別人好，喜歡藉由批評來滿足自己，所以任你人再好、再八面玲瓏，說話圓融從不得罪人，當你的知名度來到 C 圈，你還是會遇上這些人。我可以這麼說，「影響力」和「負評」是成正比的，因為這些酸民在總人口的比例上來說是不會變的。

假如我粉絲團有人惡意留言，我該怎麼做？

負面留言有很多種，不同種類有不同的處理方式。第一是無傷大雅的，例如：「版主真是兩面人」「版主不意外」「最好是我們都可以這樣啦」「這擺明是業配文」「說得這麼厲害你去做

啊」——這種很簡單，你就「謝謝指教」「感謝支持，下次我會改進」就好，大部分的酸言都可以用「謝謝指教」的原則去解決。

第二種是「理智」的想要跟你討論。對方可能提出長篇大論，你知道他們的用意就是要表現自我，所以你有兩種作法，一種是「感謝補充」「下次我會注意」；另一種就是跟他打筆戰，也展示自己的知識，讓網友看好戲，也可從中學點東西，你和對方若能一直保持理智下去，這會是場營養的筆戰。

第三種是失去理智。可能對方問候你親戚之類的，這要看他有沒有涉及人身攻擊，若是沒有，就讓他去鬧，不用理他，你的粉絲看在眼裡，就當笑話看。若是他的言語之中有涉及人身攻擊、毀謗、傷害名譽的話，看你的容忍度，可以截圖蒐證告他。經營網站事業建議要找位律師來合作，可以提供法務上的專業意見。

大部分時候，留言都是不用刪除的，因為你不是賊，不用心虛，留著給大家公評（若是良好的筆戰，還給大家機會學習）。唯一要刪除的是那些不堪入耳的辱罵，或是廣告商的洗版。

我被人攻擊，心情很難過，怎麼辦？

這是累積影響力的過程。你感到難過，只要去想未來你可以幫助更多人，現在忍受陌生網友的冷嘲熱諷，是為了要做更偉大的事。而且這些酸你的人真的認識你嗎？他們是真心為你好，還是只是罵你圖爽？如果是前者，那他們真的在乎你啊，還願意把問題說出來，讓你去面對問題，改善問題，不就變成更好的自己了嗎？如果酸你的人根本不認識你，你也不認識他們，那你不理他們，不是才會讓他們不爽嗎？有些人生命是無聊的，他們才會把自己的時間放在想盡辦法攻擊別人。你冷處理，他們真的會氣死，然後輪到他們心情不好。

以前，直播中有人問我：「我被暗算怎麼辦？」

我的回答是：「往前看，不要往後看，會暗算你的人都站在你後面」。這裡我再補充一句：「會扯你後腿的人，是因為你只領先他們一點點；若你領先他們夠多，他們就扯不到了」。

> 弱者報復，強者原諒，智者放下。
> ——艾爾伯特・愛因斯坦

我沒做錯事，但一直被某些人黑，怎麼辦？

相信愛因斯坦的話，最好的作法是不理他們，然後他們就會慢慢從你生命中消失。

從大師身上學習行銷個人品牌

賽斯‧高汀 Seth Godin
個人網站：https://www.sethgodin.com/

賽斯‧高汀是許多行銷大師心中的大師，宗師級的行銷領袖。他一共出版了 18 本書，以《紫牛》、《這才是行銷》等書紅遍全球。賽斯以驚人的速度創作，不同於一般行銷部落格寫長文，他的部落格內容篇幅都很短，有些人會故意激他寫不出長文，問他可否把概念講深一點，然而，他回答：這就是我的風格，如果你想看長文，請去看別人的部落格，或是去買我的書──完全不受酸民影響。

他創作出 7,000 多篇部落格文章、18 本實體著作、9 個線上課程、1 個行銷工作坊、1 個線上大學、以及不計其數的演講邀約。最可怕的永遠是「比你厲害的人還比你努力」，他就是這麼可怕的創作怪物！賽斯‧高汀親自示範何謂「個人品牌大帝國」。

5

打造社群的樑柱
——舉辦實體聚會

當我們說要將陌生人轉為鐵粉，有沒有什麼每次做都一定可以累積，不至於做白工的方法呢？「舉辦實體活動」正是其一。假設你是一個〇〇專家，你在網路上發表了一些專業文章，說願意回答任何人的任何問題（在你的專業領域內）。你提供一個免費的面對面、或線上諮詢的機會，請教你問題的人只要請你喝一杯咖啡，你花一些時間，可能一小時或兩小時（看聊不聊得來），每三天排一個人，持續做下去，連續十年，就達成一千名鐵粉的目標了！

以上雖然是一種極端的作法，但重點有三：第一，任何形式的「實體見面會」都是好策略，只要你有機會在他們面前現身講話，親近度就快速增加。第二，「一對一行銷」是最有效的鐵粉養成術，縱使比較慢、比較累、比較客製化、無法規模化，但在初期，在雪球尚未開滾前，這是很扎實的作法，就算你已走在消費者旅程的中段，一對一行銷仍是強化粉絲關係的重要

策略。你看，就算高高在上的候選人也得和選民一一握手，情感上的親近＝肉體上的親近，你和潛在客戶的距離越近，你越有機會表現自己，對方也越相信你。

沒有感情，沒有社群。

人人都知道「社群」很重要，若把社群比喻成房子，主題是它的屋頂，會員就是一磚一瓦，撐起整間房子的支柱就是「舉辦實體活動」。有人說網路緣都是非常淺的，所以若要玩得深，「見面」是一定要的，而且見一次還不夠，最好是固定時間見，實體聚會不嫌多，只怕冷場沒人來。任何主題、任何形式的網站（當然也包括部落格）都應該辦網聚，除非這網站或站長「見不得人」——不是說他們醜，是說網站的內容見不得人，例如內容農場或盜文網站。

我之前建立一個運動網站，辦了好幾場網聚，每次的網聚與會者都聊到欲罷不能，嘴巴都不想用來吃東西，平常只在論壇上交流，縱使可能品文如品人，但一旦見面後那才是真正的享受啊，大家對於 MLB、NBA 等職業運動有著無比的熱情，難得有同好一樣的瘋狂，每次聚會都好不痛快！

做 EmailCash 那些年我也辦過北中南的電影欣賞會，用公司行銷預算包場讓會員免費看電影，雖然這些會員我從來也沒見過，但身為代表有機會致詞一下。因為大家是來看電影的，總不能跟他們一一握手，再噓寒問暖一番，企業和會員間還是有距離感。不過，至少這些出席的人，對 EmailCash 的黏著度肯定比那些沒來的人好，也至少認識了我，看到幾個真人在幕後營運這個網站，這對網站品牌絕對加分。

連續好幾年我辦部落客聖誕節聚會，目的是要把彼此拉得更近，才能形成一股團結的力量去推動市場。在一個新興產業中，若誰也不認識誰，關於「某某部落客」全是聽來的，不免會道聽塗說、以訛傳訛，最好的方法就是透過聚會，讓大家碰面增進感情。每個產業都一樣，產業要進步，大老們必須合作擬定一些標準或行規，讓後進者得以快速融入，部落格和網路圈也不例外。

要說台灣最成功的社群，我首推巴哈姆特。主題好、牌子老，最特別的是每年一次在台大體育館舉辦的「網聚」，每年都有上千人參加，應該是全台灣最大規模的網站聚會。我認為所有的網站不管大小，每年舉辦一次實體聚會是基本的，讓會員期待年度盛事。電子商務網站可辦實體特賣會，美食網站可辦大

胃王比賽或 B 級美食日，之後再去瘦身網站參加「運動會」，財經網站可辦大師解盤講座，命理網站可辦「算命博覽會」，設有紫微、八卦、易經、塔羅牌等攤位，書籍或文學網站可辦二手書交換等。任何一個網站都可以輕易的找到相關話題來舉辦網聚，免費讓會員參加，篩出網站的鐵桿粉絲，對他們施予濃厚的感情，深化他們的忠貞，直到他們石化成樑柱為止。

如果你是大企業、大網站，舉辦實體活動的立即成效也許看不見，但相信我，這是讓你從競爭中勝出，強化社群很重要的一步，你一定要開始企劃，逐年執行，把這些成本列入年度行銷預算中，說不定比你去到處買廣告還便宜，讓 member get member，舉辦實體活動肯定是利大於弊。

別以為只有大網站才需要辦網聚，其實個人網站、論壇、部落客、直播主也需要，依我所見，踴躍度不亞於中小網站，例如旅遊分享會，美食試吃會、二手衣拍賣、年度親子趴、鍵盤趴、女優攝影會等，以不同主題和形式的網聚，參與者就是社群的中堅分子，你會需要這樣的角色成為你忠實的跟隨者，才能使你成為領頭羊。早年我們玩論壇，會把發言質量較好的帳號提升為「版主」，每次網聚時和版主見面認識，這些版主會感受到他們是網站的重要人物，參與感大增，發言質量變得更好，

而且處處為網站著想，一起磨出未來的方向，他們的意見極具代表性和建設性，當你不動時他們都會推著你動，監督你、建議你、鼓勵你，當你遇到困難時他們也會幫你想辦法，你說你不開心，他們也會安慰你，如果這不是感情，那什麼才是感情？

所以想打造「社群」，請從感情面下手，有什麼方法能使網站和會員建立感情，能縮短兩方的距離感，「舉辦實體活動」正是一個有效的方法。YouTuber 為什麼紅得比部落客快，正因為大家「看得到他」，而且常看到他。你曝光量越多，人家就覺得你越紅，大家就越信任你，「非 YouTuber」在這裡就比較吃虧，所以我們必須辦實體活動來補足這塊。

你想辦實體活動，但會不會「萬人響應、一人到場」，這樣不是窘了嗎？我提供三點讓你安心：第一，每個人都是這樣過來的，日旅部落客酒雄在多年前辦的旅遊分享會，只有八人到場，扣掉他自己、他女友、和我，只有五個人，但現在呢？場場滿座，所以一開始人少沒關係的。第二，就算最慘只有一個人來，那等於一對一諮詢、聊天、喝茶、打屁，是「一對一行銷」啊，至少還是賺到一個鐵粉，沒有空手而回。第三，連一個人都沒來，就只有你自己，這樣還是有好處的！那就是你有了一個「辦活動的經驗」，一個歷史紀錄，雖然沒人可以跟你合照（店老

闆？），但外界並不知道，他們只知道你曾經辦過網聚，下次有機會再去看看好了——而且，你還可以寫一篇「空無一人的網聚，你參加過嗎？」來揶揄自己，應該下次會有很多人來笑（看）你。

你也不一定要自己主辦活動，也可以去參加別人的，至少省下不少活動籌備金錢和時間。你在活動現場多去社交，在別人場子為自己造勢（但記得不要太搶主人鋒頭），為自己多增添幾名鐵粉。每天都有讀書會、試吃會、簽書會、攝影會、二手物品拍賣會、電商新品發表會、免費算命體驗、一起約去淨灘撿垃圾等活動——不妨勤快點去參加吧。

6
建立社群的情感羈絆

我是一名基督徒，每當我上教堂時，除了聽牧師在台上證道外，我會默默觀察教會的運作。因為我認為「宗教」是社群概念的最佳執行典範，各面向包括堅守核心價值、會員黏著度、再訪率、互動率、停留時間，以及最重要的：會員貢獻度。沒有任何一種線上或線下的「社群」能做得比宗教好。

「神」是此社群的核心價值，實體聚會包括至少每週一次主日學讓會員同聚一堂、頻繁的小組互動，週間晚上還要舉辦小組聚會、讀經會，兄弟姊妹間會互相代禱，日常問候，真情流露成為好友。一個教會若經營得好，往往是城市發展中具有高度影響力的一塊，神職人員也會是社會力量的要角之一。他若想「發動社群」去支持或反對某個議題，會造成輿論和行為的傾斜；如果他想要募資一億建教堂，也可能在幾個月之內就達標。這，不就是我們培養社群所需要的嗎？

當年 Google Plus 剛上線時，不管在功能或介面上都贏過 FB，

而且無廣告，還跟 Google 其他服務高度整合，每個人也都有 Gmail 帳號，不必重新申請 Google Plus 帳號。一開始氣勢如虹，感覺把 FB 的社群市占率搶下來只是時間問題，每個人都在談論 Google Plus，能見度和開通率完全不是問題，但為什麼始終敵不過 FB 呢？很簡單，因為我們在 FB 上的人脈關係網已被編織得牢不可破。我們的朋友全在 FB 上，縱使這地方再爛、再不友善，我們也無法全部、同時移民，我們被此處的「情感之網」所羈絆住，綿綿密密，寸步難行，大家都懶得動，所以原地聊就好。GooglePlus 的失敗是因為忽視人的情感面，社群除了核心價值、硬體設施外，軟性的、感性的、情感面的設計才是關鍵。FB 的最大優勢在於會員和會員間的情感羈絆，當某社群會員之間的感情越好，該社群就越不可能被取代。

我們該如何製造羈絆，編織一張綿密的情感網呢？試想：你覺得「感情」是如何發生的？如何加溫，如何深化，如何變得堅定不移？

想當然爾，面對面的實體接觸是最有效的。當你把時間軸拉長的話，考量到「客戶終生價值」，一名鐵粉的貢獻度還是會比一百名點頭之交來的高，也就是說，縱使速度慢，但穩扎穩打，穩定成長，這樣的情感關係網才會牢固，而當「網」越編越大

的時候，你可撈到的魚就會越多，縱使可能有些小破洞，還是可以大豐收。

我在每一班的課前作業中，有一題就是討論建立「鐵粉」的方法。以下是某一班的回答：

- 目標**粉絲接觸**、內容認同共鳴、持續內容產出、互動溝通發展
- **讓讀者喜歡上我們這個人**
- 內容可看性
- 切中他的需求、引起他的興趣
- **高互動**
- 持續發布部落格含金量高的文章內容吸引粉絲，與粉絲**線上互動**，讓粉絲參與實際**免費接觸活動**或**收費性活動**
- 經常發文互動及觀點觸及人心
- 釋出溫暖真心，當粉絲跟我頻率對上並有受益，就容易變成鐵粉
- **有互動**，給好處。從粉絲變鋼絲！
- 與粉絲常**有互動**，撰寫的文章主題一致（例如專注於美食或旅遊，不跨足太多領域）
- 穩定產出有自己個性、內容的文章，真心誠意的分享，找

平台多處曝光

- 容易被搜尋到，且簡單易懂、容易讓人找到有用的資訊
- 寫的是鐵粉想看的、需求的。而不是自己想說的

唯有看到粗體字我才會加分，因為這部分才有可能產生情感的羈絆，縱使只有一點點。

但我們看其他部分，則是大家**誤以為**可以增加鐵粉的方式。例如經常發文、產出有個性的文章、容易被搜尋到、釋出溫暖真心等。這些你以為的付出，並不會得到情感的交流，縱使你寫得再專業、再實用，人家只是把你當成「工具書」，去滿足他們的需求而已，他們對於你這個人還是無感的。這解釋了為什麼很多創作者其實沒什麼料，寫的東西也不怎樣，但因為他們善於接觸人群，所以鐵粉還比你多。當鐵粉比你多，就表示比你賺。不用羨慕他們，他們只是比你懂得如何與讀者產生感情。個人品牌的最終目的是影響力，足以撼動社會的影響力，而其中必備的條件是擁有足夠的鐵粉，而養成鐵粉的前提是盡可能的**和讀者製造情感的交流**，進而用情感羈絆形成一個牢不可破的社群。你身為社群最大得利者，應以此為最高經營目標。

千萬 → 百萬 → 十萬 → 一萬 →
一千 → 一百 → 十 → 一

千萬

我的野心已不像年輕時那麼大，想要擁有很多員工，做什麼征服宇宙的事業，我只求幫助更多我身邊的人，也幫助自己維繫身心靈健康的日常生活。在目前「一人公司」的狀態下，我算過自己的需求和能力，現在的目標是一年賺 1,000 萬，假設我請厲害的工程師和視覺共支出 150 萬，如果需要或有緣分的話再找一個特助算 50 萬，其他扣掉網路工具如主機費、Email 行銷、以及其他交通、獎品有的沒的支出，再 50 萬好了，我還有 1,000 － 150 － 50 － 50 ＝ 750 萬的淨利，扣掉生活費、學費支出，每月還有約 50 萬可花，假設我拿一半去投資，還有 25 萬可以自由的花。每次我們去日本玩大概會花 10 ～ 15 萬之間，也就是說，就算每月出國玩，生活還是挺有餘裕的。

上過我課的人應該都看過下面這張表：

如何挑戰年收千萬

		累積年收 $
100 萬	網站流量廣告費，100 ／ 12 ＝ 8.3 萬／月（全台超過 50 位部落客、200 個以上的網站）	
200 萬	自費出版賣實體書給忠實讀者，每本利潤 200 元，10,000×200 ＝ 2,000,000	300 萬
365 萬	訂閱制會員網站，1,000 名會員，年費 3,650，1,000×3,650 ＝ 3,650,000	665 萬
168 萬	企業內訓講師，每小時 1 萬，每次上課 7 小時，每月兩次：70,000×24 ＝ 1,680,000	833 萬
120 萬	公開班課程，每人學費 1 萬，10 位學生，每月一班：100,000×12 ＝ 1,200,000	953 萬
40 萬	聯盟行銷或團購，每月收入 3 萬 3，乘以 12 個月 ＝ 40 萬	993 萬
還差 7 萬怎麼辦？	出書	1000 萬！

我們先從「最底層」講起。之前我們看過許多「一書一事業」的老外，出書的同時到處去演講，開實體班或線上班，或去企業當顧問，也就是說先吃下 7 萬，就有可能往上去吃 120 萬、168 萬，然後也許出到第五本之後，就可以再往上去吃 200 萬。

當你的名氣越來越大，產出的質量若能跟上的話，每一本書的讀者都是累積的，到了後期，你甚至不需要「通路」，粉絲就是通路，你可以直接賣給他們。當初我自費出版《網路強人會》印刷成本每本 20 元，加上便利商店物流 60 元，一本書從無到有，從作者的頭腦出發，到消費者的眼睛下，成本是 80 元。假設每本我賣 280 元，一本就淨賺 200 元。

最上層的一百萬是玩網站流量，讓流量變現。在台灣已經有無數人月入百萬（從 Google 和其他聯播網），操作流量是有公式的，我們看過只衝一年多就能達到這境界，普通人也許三年可達。中間的 300 萬最大塊，也最難，你需要「流量」和「專業」的組合，去看看 PressPlay 上有多少年收 300 萬的創作者，或是 Hahow 上有多少單課破百萬的講師，你就知道這並非遙不可及。最後當你有流量、名氣、觀眾，做團購也只是「舉手之勞」，放個團購或聯盟行銷的連結罷了，40 萬順手放入口袋。

創作者／個人品牌的事業藍圖就是這樣，這是我自己正在走的路。在此問大家一個問題：創業路上總有事情不如預期，或因為自己懶惰想放鬆。若結果沒有 100% 達標，假設只有 70%，你可以接受嗎？又或者你更衰、更懶，達標率只有 30%，你可以接受嗎？

百萬

如果你是新手，還沒真正認真的走在這條路，在達標「千萬藍圖」之前，你可能會想「能賺一百萬就不錯了」——有這種想法很正常，因為千萬離你太遠，超出可視範圍；這樣的想法也很正確，因為「百萬」通常是人生的第一桶金，我們都是有了第一桶金之後，才發現這桶子還很空，會更有慾望將它填滿。其實在上圖中，有人並不花心，只專心做某一項就年收千萬了，還是台灣人喔，老外就更多了。我想說的重點是，在千萬藍圖上，你要先主攻某一項，最好是讓那一單項先破百萬，把它當做你的「乳牛」，當核心事業去鞏固，再跨界嘗試其他的可能。達到百萬的重點是，你是否可以在某一個項目上、主題上出類拔萃，至少達成百萬年收的境界。

上班族年薪百萬算不算？多數不能算，除非你是少數可以下班回家後繼續拚自己事業的工作狂，那就可以算。

十萬

這個數字的指標意義何在？我認為你「每月的收入至少要十

萬」，先不管你是上班族，還是自己創業，也不管你用什麼方法，什麼態度，什麼手段（在合法的前提下），每月持續收入要在十萬以上。以美國雲端服務 SaaS 平台來說，MRR（Monthly Recurring Revenue，每月常續收入）可說是最重要的指標，不只是因為任何企業都需要健康的現金流，還有收入可預期性，以及最重要的「累積效應」。訂閱制服務的威力就在此，假設你每月新增五個客戶，12 個月後你除了多了 60 個新客戶，每月的舊客戶也持續在累積，「舊的不會走，新的一直來」，這也是為什麼電信公司搶破頭要你去辦他家門號，因為一旦你進去，他們就多一份「穩定」的收入。還記得我說的工作最高原則 "Work Less, Make More" 嗎？你做的工作必須要有累積性。

一萬

這個里程碑當然不是錢，而是你的觀眾數量。第一個意義是，你有沒有一萬個「觀眾」，例如 YouTube 頻道的一萬人訂閱、粉絲團一萬名粉絲，部落格的一萬「日 PV」，Instagram 的一萬人追蹤——如果有，恭喜你，你已經得到初步的 A 咖認證，想必是小有成就，最困難的部分已經過去，接下來你開始要規模化，將「數字」變成現金（如果你還沒有的話）。如果你還

沒有達到以上數字，沒關係，一萬還有另一個指標性意義：你是否有能力創造出一個作品。它可能是被一萬人看到的，也許是一部精彩的影片，或一篇部落格文章，在網路上被大量分享、轉載、引用，許多留言湧入，也許讓你成為某天的話題人物，或是突破同溫層，認識一些新朋友，其中說不定藏有你的貴人。這兩個意義到了後期根本是一樣的，如果你有能力創造出一萬人觀看的作品，你的觀眾遲早會來到一萬這個里程碑。

一千

「1,000 個鐵粉」還需要多做解釋嗎？如果你沒有 1,000 個鐵粉的基礎，上述的一切都不會發生。再簡單來說，每當你每次發表新作品時，無論內容是什麼，會不會固定有 1,000 個觀看數？大方點來定義的話，這可以是觀眾的總和，包括部落格＋ FB ＋ YT ＋ IG ＋ Email ＋ LINE 等，關注你動態的人有沒有 1,000 人？如果還沒有，在這裡要不好意思的說，你連「地基」都還沒有，是無法建築任何事業在上面的。假設你有能力創造出一則「萬人賞」的作品，但他們多數都只是過客，有多少比例會留下來繼續看你呢？就抓一成吧，所以我們反推回去，如何從 0 開始到 1,000 名鐵粉？你必須有至少十篇「萬人賞」的作品，

而且間隔還不能太久。人群難聚易散，你無法抓住觀眾的口味，不知道哪篇會中。我們再抓一個比例，就是每十篇你盡全力寫的文章（或拍的影片），有一篇會中，達成「萬人賞」，也就是說，你可能要寫一百篇以上的文章，才會有十篇萬人賞，然後留下 1,000 個願意繼續看你的人，但你也知道，願意看你並不等於你的粉絲，只要你一鬆懈，一停止產出同等水準的作品，他們就離你而去，因為外面有太多好看的東西了。我大可以說，如果你還沒有產出超過一百個作品的話，是很難累積到 1,000 名鐵粉的。

一百

除了上述基本功一百篇作品之外，一百還有另一個指標性意義，就是「會立即付錢的鐵粉」，因為「鐵粉」和「會立即付錢的鐵粉」不一樣，比例我一樣抓 10:1。鐵粉也許某天會付錢，但一百個會立即付錢的鐵粉不一樣，他們對你的愛是盲目的，不管你推出什麼產品或服務，他們完全信任，完全買單！如果今天我說我要出一本書，我還不知道要寫什麼，想買的人先付我 280 元，我寫好以後會寄給大家，但我也不確定何時會寫好，這一百人還是會付錢，姑且我稱之他們為「一百壯士」好了，

因為他們永遠衝最前面的跟隨你。在你的 1,000 名鐵粉之中，有沒有一百壯士呢？如果有的話，善待他們，他們就是你的親衛隊，你事業最精實的核心。

十

你是否有十個你可以完全信任的朋友，那種信任是你可以分享你賺多少錢，你怎麼賺錢，彼此毫不藏私，沒有心機，講八卦也不會傳出去的小圈子？如果沒有，請從你的親衛隊找，這個小圈子應該是你的智囊團，或是產品的焦點小組（focus group），會誠實反饋意見給你，真心幫助你的事業成長，不會眼紅，不會在背後捅你刀，大家一起成長，一個人起飛，帶大夥兒一起飛。

一

世界再如何喧囂，朋友再怎麼鼓譟，夜深人靜時還是只有你自己，和你內心的小聲音，不要勉強自己去做不符合自己性格的事。個人品牌的前提是「個人」，創作者事業的前提是「創作」，

事實總是殘酷的，這一行不一定人人適合，「創業」和「當上班族」其實都很好，「兼職創業」也是安全的選擇，三者都應該親自試試看，才會真正領悟其中的不同。

我們要「樂觀」，讓你抱著希望啟程，但千萬之路，萬法歸一，請捫心自問，你是那個「一」嗎？那個最有決心毅力、最能堅持下去、最能追求專業、最能堅守信念的那個萬中選「一」嗎？

請不要再相信什麼星座測驗或人格分析，親身去經歷才是王道。當你的戶頭都快沒錢了，你馬上就會從雙魚座的夢幻變成魔羯座的務實，或是從什麼「支配型」「分析型」到「無所不能型」，感受到你自己人格上能多有彈性，各項能力大幅升級。很多人會「未做先嫌」，我覺得這很可惜，不要隨意聽信別人對其他人事物的評斷，因為在大象的面前，每個人都是瞎子。除非是有生命危險的東西，否則如果這件事試過但是失敗，至少你親身體驗過別人拿不走的寶貴經驗。

當你像我這樣「生活即工作」，暢玩一人公司其實就等於暢玩人生，何來工作之煩或生活之悶？我想你也應該試試看，絕對值得走這一回，活出最好版本的自己。

國家圖書館出版品預行編目（CIP）資料

暢玩一人公司 / 于為暢著. -- 初版. -- 臺北市：遠
流, 2020.06
　　面；　公分
　　ISBN 978-957-32-8784-1（平裝）
　　1. 網路行銷 2. 網路社群
　　496　　　　　　　　　　　　109006283

暢玩一人公司

用個人品牌創造理想的工作方式及事業地圖

作　　者──于為暢
總監暨總編輯──林馨琴
責任編輯──楊伊琳
行銷企畫──趙揚光
封面設計──陳文德
內頁排版──邱方鈺

發行人──王榮文
出版發行──遠流出版事業股份有限公司
　　　　　地址：104005 台北市中山北路一段 11 號 13 樓
　　　　　電話：（02）2571-0297　傳真：（02）2571-0197
　　　　　郵撥：0189456-1
著作權顧問──蕭雄淋律師

2020 年 6 月 1 日　初版一刷
2023 年 3 月 16 日　初版五刷
新台幣定價 380 元　（缺頁或破損的書，請寄回更換）

遠流博識網
http://www.ylib.com　E-mail: ylib @ ylib.com